U0271893

专门化
肉猪养殖
技术手册

李平华　主编

中国农业科学技术出版社

图书在版编目（CIP）数据

专门化肉猪养殖技术手册／李平华主编 . --北京：
中国农业科学技术出版社，2022.12（2024.12重印）
ISBN 978-7-5116-6012-1

Ⅰ.①专…　Ⅱ.①李…　Ⅲ.①肉用型-猪-饲养管理-
技术手册　Ⅳ.①S828.9-62

中国版本图书馆 CIP 数据核字（2022）第 210797 号

责任编辑　张诗瑶
责任校对　王　彦
责任印制　姜义伟　王思文

出　版　者　中国农业科学技术出版社
　　　　　　北京市中关村南大街 12 号　　邮编：100081
电　　　话　（010）82106625（编辑室）　　（010）82109702（发行部）
　　　　　　（010）82109709（读者服务部）
网　　　址　https://castp.caas.cn
经　销　者　各地新华书店
印　刷　者　北京虎彩文化传播有限公司
开　　　本　148 mm×210 mm　1/32
印　　　张　3.5
字　　　数　95 千字
版　　　次　2022 年 12 月第 1 版　2024 年 12 月第 2 次印刷
定　　　价　28.00 元

《专门化肉猪养殖技术手册》
编写人员

主　编　李平华

副主编　贡玉清　牛培培　李佩真

编　者（以姓氏笔画为序）

马凡华　王文强　王四峰　邓雨修

白小勇　乔瑞敏　杜明明　杜新平

李荣刚　杨连广　吴承武　何晓芳

张　倩　张总平　陈　进　金　通

周五朵　赵清波　侯黎明　姚　文

徐　燕　谢勇飞　雷卫强

主　审　黄瑞华

前　　言

　　近年来，针对经济新常态下生猪产业知识密集、资本集约的产业特征，在城乡居民绿色生产与健康消费理念下，在充分发挥市场调节与政策支持的协同作用下，在提高资源配置效率的社会发展要求下，生猪产业呈现加快推进适度专业化规模和健康生态养殖、强化科技创新、关注养殖废弃物无害化及资源化综合利用的发展特征。国家为推进适度专业化规模养殖，正在以市场为导向，以资源禀赋和环境承受能力为基础，制定和实施土地、金融等一系列配套政策，鼓励和支持发展适度规模专业化养殖。目前一大批养殖类家庭农场、专业合作组织和中介服务机构发展壮大，在大型龙头企业的积极带动下，养殖适度规模专业化得到有效推进，龙头企业与产加销专业合作组织及规模养殖户之间利益共享、风险共担的联结机制初步形成。当然，自己独立养殖、经营的中小型专门化规模养猪场在全国各地依然存在。因此，专门化肉猪养殖模式至少存在两种业态形式，一种形式是与龙头企业形成契约方式，借助于龙头企业的平台、资金、管理、技术等方面的支持，可以有效规避市场风险，在利润相对有保障的前提下集中精力强化饲养管理，有利于提高生产水平；另一种形式则是完全自主的养殖，不与龙头企业关联，而是通过市场行为进行苗猪采购、自行饲养管理与自主销售，这样能让养猪场经营管理者更自由、独立，可以按自己的经营思路和技术手段从事肉猪养殖，但可能会因为资金、管理、技术或市场原因而导致亏损很大，甚至倾家荡产，所以其对技术支持的依赖性仍然很强。

然而，2018年我国首次报道发生非洲猪瘟疫情，并且国内出现了一定程度的流行，引起了较大数量的生猪死亡或淘汰，对我国的养猪业和养殖户均造成了严重的经济损失。复杂的生猪疫情加大了生猪养殖户和企业用于保障生物安全、预防和控制疫病的费用，从而增加了养殖成本。尤其对于技术力量薄弱的中小型规模养猪场，大多数养猪场没有专职兽医，养殖户既是饲养员又是兽医，所以在疫病防控方面问题较严重。突出表现为没有好的生物安全措施，没有定期的预防性消毒，对猪群免疫缺乏科学性与针对性；或者会在某种疾病高发期进行临时防疫，但由于时间太短，很难发挥免疫作用。正是由于不健全、不规范的防疫消毒措施，导致中小规模养猪场在疾病暴发时最容易受到冲击。不仅如此，与以中小规模养猪生产为主的欧洲相比，我国的中小规模养猪生产过程缺乏行之有效的技术控制标准，生产操作规程不统一，养殖各阶段目标不清晰，生产管理盲目性较大，环境控制不规范，养猪场疫病较多，从而制约了我国生猪产业的平稳发展。

　　针对这些现实情况，我们组织生猪行业相关专家和规模企业人员撰写了这本《专门化肉猪养殖技术手册》，手册中包含了专门化肉猪养殖优势、专门化肉猪养殖品种组合选择、专门化肉猪养殖场的设计、专门化肉猪养殖设施设备、专门化肉猪养殖粪污等处理模式、专门化肉猪养殖适度规模分析、专门化肉猪养殖育肥饲养技术与疫病防控技术等内容，旨在帮助建立适合我国中小规模专门化肉猪养殖的技术标准体系，为中小规模养猪生产过程规范化和生产效率提高提供指导。本书不仅适合中小规模养猪场和养猪新型经营主体负责人、技术人员参考使用，也适合规模养殖企业技术人员和养殖人员及各农业院校动物科学专业学生学习参考。

　　本书由国内有一定养殖理论和实践经验的南京农业大学、江苏省畜牧总站、金陵科技学院、南京农业大学淮安研究院、河南农业大学等单位专家和温氏股份江苏养猪公司、山西大象农牧集团有限公司、桂林力源粮油食品集团有限公司、江西森源祥自动化设备有限公司等企业技术人员共同编写。在编写过程中，组织了多次审稿，尤其是江苏现代农业（生猪）产业技术体系的专家和基地主任提出了很多修订意见，本书经多次修订后定稿。

　　本书得到了江苏现代农业（生猪）产业技术体系集成中心

项目的资助。

鉴于编者水平与视野受限、行业发展与技术更新较快，尽管竭尽所能试图编出较为科学严谨且实用的书籍，但书中还会存在疏漏和不足之处，恳请广大读者批评指正。

编　者

2022 年 10 月 11 日

目　　录

第一章 生猪产业形势与发展趋势分析

　　猪肉是我国城乡居民日常生活中最重要的肉类产品,在人们日常饮食中具有重要地位。生猪生产供应也因此受到人们格外关注。经过多年发展,我国已成为全球最大的生猪生产国,猪肉产量快速增长,占世界猪肉产量的比例由20世纪80年代初的20%上升至50%左右,人均年消费量超过40千克,已达到欧盟的平均消费水平,有效满足了城乡居民生活水平增长的基本需求。虽然2018年非洲猪瘟进入国内导致了2019—2020年猪肉短暂供应紧张,价格飙升,但2021年至今我国已经总体上解决了猪肉有效供给的问题。在告别猪肉高价时代的同时,在非洲猪瘟短期难以彻底净化的背景下,生猪产业也在酝酿着深刻的结构性转变。近年来,国内外经济形势不断变化,生猪产业正逐步参与全球产业链分工,在此背景下,我国生猪产业在市场、环境、疾病防控、安全等方面呈现出新的特征和发展趋势,生物安全升级、供给结构调整和产业竞争力将成为未来相当长一段时间生猪产业发展的主题。

第一节 市场形势与趋势

近年来，我国生猪产业嵌入全球价值链的程度不断加深，但在价值链中总体上仍处于不利地位。在价值链上游，种猪核心群部分依赖于国外，主要进口自美国、加拿大、法国和丹麦等国家。2017 年的进口量达到 1 万头以上，2018 年下半年非洲猪瘟进入国内，对种猪影响较大，导致 2019—2020 年种猪缺口严重，2020 年和 2021 年进口种猪数量均超过 2 万头。在饲料环节，猪饲料所需要的主要蛋白质资源豆粕基本依赖于进口大豆，主要进口自美国、巴西和阿根廷。2017 年、2018 年、2019 年、2020 年和 2021 年中国进口大豆总量分别为 9 553 万吨、8 803 万吨、8 851 万吨、10 033 万吨和 9 652 万吨，占国内消费比例约 90%。在预混料方面，荷兰皇家帝斯曼集团、荷兰泰高国际集团等化工巨头在高端产品领域占据主导地位。在疫苗方面，美国硕腾公司、德国勃林格殷格翰集团等大型跨国医药公司基本上占领了国内的高端市场。同时，养殖环节面临着国外养殖业的直接竞争。目前，我国猪肉生产成本明显高于欧美等生猪养殖业发达国家和地区，猪肉进口量总体呈现先增后减的趋势（源自中商产业研究院数据库），2017 年和 2018 年进口量分别为 122 万吨和 119 万吨。受非洲猪瘟的影响，我国猪肉供应不足难以满足国内需求，2019 年、2020 年和 2021 年猪肉进口量与 2017 年和 2018 年相比显著增加，分别为 211 万吨、439 万吨和 371 万吨。这些说明我国猪肉的生产和消费都在逐步融入世界市场。嵌入全球价值链虽然拓展了我国生猪产业的发展空间，使得充分利用国外资源变为可能，但同时增加了我国生猪产业受制于跨国公司的风险，减弱了国内市场运行的稳定性。随着经济建设的不断发展和现代科技在生猪生产中的广泛应用，我国生猪产业快速发展，为保障我国居民食物的稳定供应做出了重要贡献。目前，我国生猪产业处于由小农生产向商品化生产转变、由从属副业向专业化养殖转变、由散养向标准化及专业化和产业化饲养转变的历史性阶段。

第二节　环境形势与趋势

随着我国肉类产品需求刚性增长，畜禽水产养殖总量及养殖废弃物短时间内仍将持续增加。根据《中国环境统计年报·2015》，2015 年我国养殖业化学需氧量（COD）排放量达 1.02×10^7 吨，占全国化学需氧量排放总量的 45.67%。环境污染已日益成为制约我国养殖业可持续发展的重要因素，主要原因为以下几方面。养殖业污染防治缺乏顶层设计，养殖者因成本过高对环境保护重视不足，规模化养殖设施设计技术落后，配套污染处理设施工程建设不合理以及养殖废弃物综合利用技术难以落地等。

近年来，我国生猪产业呈现知识密集、资本集约的产业特征，城乡居民绿色生产与健康消费理念逐步形成，市场调节与政策支持协同作用，社会资源配置效率不断提高，生猪养殖适度专业化、规模化、健康生态养殖不断推进，强化科技创新，关注养殖废弃物无害化、资源化综合利用和臭气的处理，延伸产业链条，增加产业各环节附加值。

我国已制定和实施一系列配套政策，鼓励和支持发展适度规模专业化养殖。

第三节　疫控形势与趋势

我国生猪疫病比较复杂，尤其是在 2006 年、2011 年先后暴发了猪蓝耳病和仔猪腹泻，2018 年非洲猪瘟进入国内，这些疫病均引起了较大数量的生猪死亡或淘汰，养殖户损失严重。复杂的生猪疫情加大了生猪养殖户和企业用于生物安全和疫病防控等方面的支出，从而增加了养殖成本。目前标准化、专业化规模养殖模式的推广，培养了一大批专业技术人才，创新研发并集成了适宜推广的先进适用养猪技术，提升了生猪标准化、专业化养殖水平。2010 年农业部启动了全国畜禽养殖标准化示范创建活动，推行标准化、专业化生产以提升畜牧业科技水平。创建过程中对其中 241 家典型示范场进行了详细调研，调查内容包括基本信息、技术水平和产业政策等，针对 8 个大项 54 个小项进行问卷式调查，涉及全国生猪主产区 28 个省（自治区、直辖市）的生猪标准化示范场。从疾病防控调查来看，示范猪场疫病防控意识都比较强，绝大部分的示范场都有适合本场的防疫和消毒程序，并严格执行进出冲洗消毒制度，其中曾经暴发疫病的示范场有 91.7% 比例对疫病进行长期监测，且 83.5% 的示范场采取委托监测方式。但是中小型规模养猪场技术力量薄弱，大多数养猪场没有专职兽医，在疫病防控方面问题较严重。尤其是没有规范的生物安全措施，没有定期的清洗消毒，也缺乏科学系统的免疫；或者部分猪场会在某种疾病高发期时进行临时防疫，但由于时间太短，很难发挥防疫作用。在生产中更有部分养猪场陷入误区，认为只要接种了疫苗就不会再发病，并且只选择性地接种口蹄疫、猪瘟和伪狂犬这类普遍发病率较高的疫苗。正是由于不健全、不规范的防疫消毒措施，导致中小规模养猪场在疫病暴发时最容易受到冲击。

过去我国猪肉产品长期短缺的国情使人们长期把目光集中在提高猪肉产品产量上，不可避免地导致对生猪养殖技术标准化工作的忽视，导致不少生产者对生猪养殖技术标准化缺乏正确的理解和应用。与以中小规模养猪生产模式为主的欧洲相比，我国的中小规模养猪生产过程缺乏科学、可操作的技术控制标准，生产操作规程不统一，养殖各阶段目标不清晰，生产管理不科学，环境控制不规范，猪场疫病偏多，一定程度上制约了我国生猪产业的高速发展。针对这些现实情况，建立适合我国中小规模专门化肉猪养殖的技术标准体系，可为中小规模养猪生产过程规范化、标准化提供宏观指导，从而提高生产效率。

第四节　肉品安全形势与趋势

改革开放以来，我国猪肉消费总量经历了高速的增长，由1979年的995万吨上升至2016年的5 456万吨，人均年消费量由1979年的10千克上升至2016年的近40千克。2017年和2018年人均年消费量也在40千克上下波动。2019年，受非洲猪瘟疫情影响，人均年消费量骤降至31.7千克。2020年，人均年消费量回升至32.2千克，同比增长1.58%。2021年，随着产能恢复和消费需求增长，人均年消费量又达到40.1千克。在经济发展步入新常态以及居民收入达到较高水平的情况下，猪肉消费量增速逐渐放缓。由于居民收入达到了较高的水平，中高收入群体所占比例越来越大，需求会出现分层，即更多的居民不再仅购买同质的猪肉来满足动物蛋白和脂肪的基本需求，而是会增大对于高品质猪肉以及各种特色猪肉的需求。尤为突出的是消费者对猪肉的质量安全水平要求更高，根据国家生猪产业技术体系产业经济研究室 2013 年和 2014 年针对广州市居民的调查，2013 年有 14.9% 消费者对于安全猪肉给出 5 元以上的溢价水平，到 2014 年这一比例上升至 20.2%。网易味央发布《2017 国人猪肉消费趋势报告》指出，48% 消费者为品质安全购买黑猪肉，说明随着时间的推移或者收入的增加，消费者对食品安全的需求强度会增加。为提高产品质量、降低生产成本、实施食品安全，推行产销一体化是缓解小生产与大市场矛盾的主要途径。应把与周边地区建立稳定的协作关系作为养殖生产的发展方向。目前，随着人们食品安全意识增强以及市场准入门槛提高，传统猪肉供应链模式已经不再适应需求，中高档猪肉产业链的形成与发展已成为方向，并与周边地区建立稳定的产销协作关系，形成全方位、多层次、多渠道的横向生猪联合体。由此可见，猪肉产品安全需求使养殖业向专业化方向发展成为必然。

第五节　专门化肉猪养殖优势分析

肉猪养殖专门化生产（或称专业化生产）是以肉猪养殖业

的科技成果和实践经验为基础，运用"简化、统一、协调、选优"的原理，把科研成果和先进技术转化成标准，通过产前、产中、产后各环节标准体系的建立和实施，使养猪生产全过程规范化、系统化，从而创造出最佳的经济效益、社会效益与生态效益。近年来，国内消费市场对猪肉产品的消费已从单纯对数量的需求转变为对品质和安全的需求，国际市场方面，我国畜产品出口的关税壁垒虽有所降低，但"绿色贸易壁垒"越来越严格。在当前形势下，肉猪专门化生产，就是要建立一个科学合理并行之有效的生产管理最佳秩序，形成规范的生产流程，以促进各种资源的合理配置和有效利用，从而获得符合市场需求的合格猪肉产品，提高养殖户经济效益，改善养殖环境，提升行业的整体形象和社会影响，提高我国猪肉产品的安全性和竞争力。

专门化肉猪生产优势体现在四个方面。一是有利于提高养殖效益。由于中小规模养殖户的养殖方式比较粗放，养殖各阶段目标不清，生产管理盲目性较大，无形之中增加养殖成本。专门化肉猪生产要求对肉猪饲养阶段制定相应饲养目标，并制定实现这些指标的相应操作程序，这样有利于规范养殖过程，减少生产操作中的随意性和盲目性，提高生猪出栏的整齐度，从而提高养殖效益。二是有利于改善猪场及周边环境。专门化肉猪生产通过清洁生产和过程控制，产生的粪污无害化处理后进行资源化利用，不仅可以改善养殖场及周边生态环境，而且实现了粪污的循环利用，降低了治污成本。三是有利于疫病控制。专门化肉猪生产相对于散养户的自繁自养能有效减少物料频繁进出、有效降低动物疫病传播风险。丹麦、荷兰等畜牧业发达国家，基于其专业化的生产方式，已多年未发生重大动物疫病。在适度规模猪场推行专业化生产有利于做好生物安全和动物防疫防控，专业化的肉猪生产防疫消毒程序要求养殖户在生产中贯彻实施严格生物安全和"全进全出"的饲养方式，建立规范的防疫消毒程序，注重日常健康检查，降低了疫病发生的概率。四是有利于保证肉品安全。专门化肉猪生产可以规范生猪生产、提升猪肉产品的安全系数，加强兽药休药期管理，坚决禁止使用违禁药品，保障消费者食品安全，促进生猪产业有效发展，有利于引导生猪产业向规范化、质量安全的方向发展。

第二章 专门化肉猪养殖品种 组合选择

　　品种对养猪生产效率的影响非常大，选择适宜品种或杂交猪进行养殖对降本增效很关键。杂交是指将不同品种、品系或类群间相互交配，这些品种、品系或类群间杂交所产生的后代为杂交代，而杂交个体往往在生活力、生长速度和生产性能等方面都超过其亲代平均值，在一定程度上优于其亲本纯繁群体，即杂交后代性状的平均表型值超过杂交亲本性状的平均表型值，这种现象就叫杂种优势。现在猪场作为育肥猪的多为杂交猪，这些猪生长性能优秀，但繁殖性能不佳，通常都阉割作为肉猪育肥，不作为种猪使用（但非洲猪瘟期间，因缺乏种猪，部分杂交母猪作为种猪使用），其父本和母本都是生产性能优秀的纯种猪或者二元猪。而这些猪也称为商品猪，是我们在养猪育种领域的重要成果。

第一节　保障市场基本供给的品种组合筛选

一、二元杂交

二元杂交又称二品种固定杂交，其杂交后代称为二元杂交猪或二元杂交一代猪。二元杂交生产主要是利用两个品种的公母猪进行杂交，专门利用其杂种一代的杂交优势，即两个具有互补性的品种或品系间的杂交，其后代全部育肥出售，是最简单的杂交方式。生产中可以应用长白猪和大约克猪杂交，或大约克猪和长白猪杂交（以下简称长大猪、大长猪）。

优点：仅有两个品种参加。杂交方式简单，容易组织生产。正常情况下，二元杂交具有杂种优势后代的比例能够达到100%。

缺点：父本和母本都是纯种，繁殖方面的杂种优势不能利用。如果后代不留种用，引种费用较高。同时，纯种猪饲养管理要求较高，无形中加大了生产成本。

表2-1为同等日粮营养水平及饲养管理条件下，二元杂交猪与纯种猪相比，生产性能试验数据。

表 2-1　不同品种相同繁殖阶段对母猪繁殖性能的影响

项目	杜洛克猪	长白猪	大白猪	长大二元猪
胎次		1~2 胎		
窝数/窝	571	714	1 706	6 249
总仔数/头	9.61±2.63[a]	10.89±3.19[bc]	10.76±3.12[b]	11.08±2.86[c]
活仔数/头	8.45±2.72[a]	10.08±3.30[b]	9.91±3.21[b]	10.40±3.01[c]
健仔数/头	8.05±2.60[a]	9.65±3.13[c]	9.24±3.01[b]	9.93±2.90[d]
初生窝重/千克	12.63±4.61[a]	16.60±4.32[d]	14.29±4.09[a]	15.79±4.05[c]
初生均重/千克	1.62±0.34[c]	1.61±0.23[c]	1.47±0.28[a]	1.53±0.27[b]
胎次		3~6 胎		
窝数/窝	413	976	2 937	5 881
总仔数/头	10.23±2.81[a]	11.29±2.99[b]	11.77±3.06[c]	11.91±2.79[d]
活仔数/头	9.01±2.90[a]	10.42±3.14[b]	10.78±3.16[b]	11.12±2.99[c]
健仔数/头	8.57±2.78[a]	9.92±3.00[b]	10.12±3.02[b]	10.65±2.85[c]
初生窝重/千克	14.16±4.34[a]	16.57±4.32[b]	16.12±4.27[b]	17.51±4.04[c]
初生均重/千克	1.60±0.27[b]	1.60±0.28[b]	1.50±0.26[a]	1.59±0.28[b]
胎次		7 胎及以上		
窝数/窝	39	163	769	767
总仔数/头	9.77±2.17[a]	10.94±2.89[c]	11.43±2.89[b]	11.72±2.80[d]
活仔数/头	8.13±2.72[a]	9.99±2.96[b]	10.22±2.99[b]	10.78±2.96[c]
健仔数/头	7.79±2.78[a]	9.61±2.86[b]	9.69±2.88[b]	10.43±2.82[c]
初生窝重/千克	12.61±4.07[a]	15.45±4.29[b]	15.10±4.10[b]	16.39±4.10[c]
初生均重/千克	1.69±0.29[b]	1.59±0.28[b]	1.52±0.27[a]	1.57±0.30[b]

注：同行肩标小写字母不同表示差异显著（$P<0.05$），相同字母表示差异不显著（$P>0.05$）。

数据来源：张茂，孙艳发，许卫华，等，2018. 胎次、分娩季节、品种和杂交方式对母猪繁殖性能的影响[J]. 江苏农业科学，46（19）：194-197。

由表 2-1 可见，1~2 胎、3~6 胎、7 胎及以上的长大二元母猪的总仔数、活仔数、健仔数、初生窝重均比大白母猪、长白母猪、杜洛克母猪的纯种母猪的高，但由于二元母猪的总仔数和活仔数较纯种母猪的要高，因而初生均重要低于纯种母猪。

一般来说，二元杂交猪的生长速度比纯种猪快，其瘦肉率是父母代的平均值。与纯种猪相比，二元杂交猪的抗逆性强，较耐粗饲。因此，扩繁场所生产二元杂交猪与纯种猪相比，更应饲养品质优良的二元杂交猪。

二、三元杂交

三元杂交又称三品种固定杂交，其杂交后代叫三元杂交猪。三元杂交首先是两个纯种亲本杂交产生一代杂种，杂种公猪全部育肥，杂交母猪与第三个品种猪的公猪交配，所生的三元杂种猪全部育肥出售。常用的是杜洛克猪、长白猪和大约克猪三元杂交，国内通常用长白猪和大约克猪正交或反交（以下简称长大猪、大长猪），其后代留作母本，用杜洛克猪作为终端父本进行杂交，生产商品猪杜长大猪或杜大长猪。由于杜洛克猪、长白猪和大约克猪均为国外引进的优良品种，因此杜长大猪或杜大长猪这类三品种杂交俗称外三元猪。采用外国引进的公猪先与本地良种母猪交配，所产生的杂交一代母猪又与另一个外来良种公猪交配，这类三品种杂交俗称内三元猪。

优点：三元杂交能充分利用母本的杂交优势，如商品猪不仅利用母本，还可利用第一和第二父本在生长速度、饲料报酬和胴体品质方面的特性，其杂交优势比二元杂交更高。

缺点：杂交繁育体系需要保持三个品种，比二元杂交复杂。杂交后代要求较高的营养水平。需进行两次配合力测定，第二父本的生产性能和主要特点应非常突出，否则杂交效果不明显。

表2-2和表2-3为同等日粮营养水平及饲料管理条件下，三元杂交猪与二元杂交猪相比的生产性能数据。

数据分析可知，二元商品猪成活率为97.00%，增重为78.40千克，日增重为713克，料重比为3.11∶1；三元商品猪成活率为98.00%，增重为85.20千克，日增重为775克，料重比为2.89∶1［料重比=耗料量∶（170日龄重量+死亡头数重量）］。

由表2-2可见，杜长大三元仔猪和杜大长三元仔猪在育成期的增重、成活率均比长大二元仔猪和大长二元仔猪高。由表2-3可见，三元商品猪在日增重、料重比上均优于二元商品猪。因此，专门化苗猪繁育场所生产三元杂交猪，无论饲养三元商品仔猪育肥，还是饲养二元母猪与杜洛克猪杂交自繁自养进行育肥，在母猪产仔数、初生重、增重、饲料消耗、成活率、料重比等各方面均比二元商品猪有优势。

表 2-2 试验仔猪育成情况

组别	仔猪品种	28 日龄			60 日龄			个体均增重/千克	育成成活率/%
		数量/头	均重/千克	总重/千克	数量/头	均重/千克	总重/千克		
一组	长大二元	270	7.46	2 015.00	256	28.86	7 387.30	21.39	94.81
	大长二元	275	7.61	2 092.00	261	28.72	7 495.30	21.11	94.91
二组	杜长大三元	310	7.96	2 467.00	298	30.39	9 056.40	22.43	96.13
	杜大长三元	305	8.02	2 446.00	293	30.42	8 912.40	22.40	96.07

数据来源：邢志勇，2015. 生猪二元杂交与三元杂交效果的测定与分析[J]. 农业开发与装备（12）：70-71。

表 2-3 二元、三元商品猪育肥期试验数据

品种	60 日龄			170 日龄（育肥 110 日）			死亡		耗料量/千克
	数量/头	总重/千克	均重/千克	数量/头	均重/千克	总重/千克	数量/头	重量/千克	
二元	100	2 901.50	29.02	97	107.40	10 417.30	3	165.80	23 900
三元	100	2 925.00	29.25	98	114.40	11 214.40	2	102.20	24 250

数据来源：邢志勇，2015. 生猪二元杂交与三元杂交效果的测定与分析[J]. 农业开发与装备（12）：70-71。

三、四元杂交

四元杂交属于四个品种杂交的特殊形式，四个品种首先进行"两两杂交"，然后再利用两个杂交一代进行杂交。具体应用上，可利用长白猪和大约克的杂交后代作母本，用皮特兰猪和杜洛克猪的杂交后代作父本，再进行杂交生产四元商品猪皮杜长大猪或皮杜大长猪；同样还可利用长白猪和大约克猪的杂交后代作母本，用杜洛克猪和巴克夏猪的杂交后代作父本，再进行杂交生产四元商品猪杜巴长大猪。

优点：遗传基础广泛，容易获得更多的杂种优势，不仅可以利用杂种母猪的杂交优势，而且能利用杂种公猪的杂交优势，杂交后代能够获得近100%的杂交优势率。由于大量利用杂种繁殖，可少养纯种，充分利用杂种优势，降低生产成本。

缺点：需四个不同的品种或品系，对亲本选择要求高，组织工作和繁育体系复杂。

表2-4和表2-5为同等日粮水平及饲养管理条件下，三元杂交猪杜长大猪或杜大长猪与四元杂交猪皮杜长大猪或皮杜大长猪间对比的生产性能、胴体性状数据。

表2-4　三元与四元杂交组合商品猪生长性能比较

项目	杜×长大	杜×大长	皮杜×长大	皮杜×大长
试验猪/头	12	12	12	12

（续表）

项目	杜×长大	杜×大长	皮杜×长大	皮杜×大长
试验天数/天	82	82	82	82
始重/千克	30.34	29.15	29.76	30.49
末重/千克	97.20	95.65	101.95	104.40
平均增重/千克	66.86	66.5	72.19	73.91
平均日增重/克	815.37	810.98	880.37	901.34
料重比	2.82	2.85	2.57	2.60

数据来源：邢志勇，2015.生猪二元杂交与三元杂交效果的测定与分析［J］.农业开发与装备（12）：70-71。

表2-5　三元与四元杂交组合商品猪胴体性状比较

项目	杜×长大	杜×大长	皮杜×长大	皮杜×大长
数量/头	4	4	4	4
平均背膘厚/厘米	2.35	2.29	1.86	1.92
皮厚/厘米	0.23	0.24	0.15	0.16
屠宰率/%	77.50	76.41	80.25	82.54
瘦肉率/%	65.60	63.85	71.37	69.66

数据来源：魏等柱，2007.不同杂交组合商品猪生长性能及胴体性状对比试验［J］.养猪（2）：17。

由表2-4和表2-5可见，四元杂交商品猪皮杜长大猪或皮杜大长猪的生长性能、平均背膘厚、平均皮厚、瘦肉率明显优于三元杂交商品猪。

表2-6至表2-8为同等日粮水平及饲养管理条件下，杜长大三元杂交猪与杜巴长大四元杂交猪对比的生长性能、屠宰性

能和肌肉品质数据。

表 2-6 不同杂交组合生长性能比较

项目	杜×长大	杜巴×长大
数量/头	242	36
30 千克校正日龄/天	72.47±5.56	70.61±4.02
100 千克校正日龄/天	160.19±8.94	159.83±8.32
校正日增重/克	879.43±83.86	890.91±66.48
校正背膘厚/毫米	7.37±1.34	7.25±1.82

数据来源：章会斌，马迎春，陈景民，等，2022. 不同杂交组合猪的繁殖及肉质性状比较分析[J]. 安徽农业大学学报，49（2）：247-253。

表 2-7 不同杂交组合屠宰性能比较

项目	杜×长大	杜巴×长大
屠宰率/%	78.46±1.74	79.66±1.63
皮率/%	9.42±1.80	8.36±0.56
骨率/%	11.65±0.39	12.24±0.78
脂肪率/%	15.17±3.11	14.57±3.45
瘦肉率/%	63.77±0.52	64.83±4.82
头率/%	6.15±0.19	5.86±0.17
蹄率/%	2.01±0.31	2.23±0.29
肠率/%	5.80±0.41	4.34±0.67
腹脂率/%	1.24±0.25	1.15±0.58

（续表）

项目	杜×长大	杜巴×长大
腿臀比例	8.24±0.74	8.72±0.75

数据来源：章会斌，马迎春，陈景民，等，2022.不同杂交组合猪的繁殖及肉质性状比较分析[J].安徽农业大学学报，49（2）：247-253。

表2-8 不同杂交组合肌肉品质比较

项目	杜×长大	杜巴×长大
pH 值	6.53±0.19	6.13±0.16
剪切力/牛顿	49.68±0.40	46.82±0.58
肉色/分	80.93±0.88	70.57±0.94
眼肌面积/厘米^2	45.36±0.69	49.11±0.75
大理石纹/分	2.11±0.20	2.26±0.21
滴水损失/%	2.79±0.01	4.76±0.01
熟肉率/%	78.30±1.00	75.75±0.91

数据来源：章会斌，马迎春，陈景民，等，2022.不同杂交组合猪的繁殖及肉质性状比较分析[J].安徽农业大学学报，49（2）：247-253。

由表2-6至表2-8可见，四元杂交猪杜巴长大猪的生长性能、屠宰性能和肌肉品质绝大部分指标都要优于三元杂交猪杜长大猪。

因此，专门化苗猪繁育场所生产的四元杂交商品猪皮杜长大猪或皮杜大长猪或杜巴长大猪无论是在生长性能还是在胴体性状方面总体均优于三元杂交商品猪杜长大猪，但从饲养管理角度来看，四元杂交商品猪在饲养管理及营养水平方面要求相对高一些。此外，由于皮特兰猪群体中部分猪携带应激基因（或称氟烷基因），因此没有完全剔除应激基因的皮特兰猪群体所繁育的皮杜长大猪或皮杜大猪长同样可能存在应激风险。

第二节 满足优质肉市场的品种组合筛选

一、地方猪种

中国拥有丰富的猪种质资源，约占全球现有猪种资源的1/3。2021年，农业农村部公布的地方猪种有83个，并启动了第三次全国畜禽遗传资源普查，有望发现新的品种资源。以江苏省为例，有姜曲海猪、东串猪、淮猪、二花脸猪、梅山猪、米猪、沙乌头猪、枫泾猪和红灯笼猪等9个品种。其中，淮猪、二花脸猪、梅山猪、米猪、沙乌头猪、枫泾猪和姜曲海猪均被收录到《国家级畜禽遗传资源保护名录》之中。此外，江苏省认定并开展对红灯笼猪的省级保护。2022年8月24日，经江苏省畜牧总站、江苏省畜禽遗传资源委员会办公室组织，南京农业大学作为技术支撑单位，通过了对红灯笼猪遗传资源的省级鉴定，目前红灯笼猪遗传资源已申请国家级遗传资源鉴定。这些地方猪种具有性早熟、耐粗饲、肉质好和产仔多等独特优点，是宝贵的遗传资源。但是这些地方猪种也存在一些缺点，如生长速度慢、瘦肉率低、精饲料转换能力差、饲养周期长等。这些缺点使地方猪种的商业化程度低，难以进行规模化生产。不适合作为市场主推方向，只适合以满足高端市场需求为目标进行有限的规模生产。地方猪种肉质好，这是快大型猪种无法比拟的。随着人们生活水平不断提高，优质猪肉的市场份额会越来越大，地方猪种也将迎来非常有利的发展契机。利用地方猪种肉质好的特点，通过新品种和配套系培育、杂交利用等方式开发适合市场需求的优质猪肉产品是地方猪种开发利用的主要途径。

二、含有地方猪种的二元、三元及四元杂交或配套系

二花脸猪是我国著名的优良地方猪种（图 2-1），具有繁殖力强、肉质好、耐粗饲等优良特性，是江苏、浙江、上海及周边省份杂交生产商品猪的主要母本，与主要的外来猪种进行二元和三元杂交均表现出较高的配合力。近年来，随着外来杂交父本品种瘦肉率和生长速度的提高，加之现代饲料调制与加工技术，国内三元杂种商品猪的生产水平也随之提高，在猪肉产量得到大幅提高的情况下，猪肉品质与风味也越来越被消费者重视。利用各地方品种生产二元杂交优质猪肉及黑猪肉的生产方式重新受到重视，少数猪场甚至从三元杂交改回到二元杂交，以迎合市场需求。

表 2-9 至表 2-13 为同等日粮水平及饲养管理条件下，含有

二花脸猪二元杂交的生产性能、胴体性能、肉质性状、营养成分数据。

图 2-1 二花脸猪公猪（上）和母猪（下）

图片来源：常州焦溪二花脸猪专业合作社提供。

表 2-9 试验猪生长肥育性能测定结果

项目	二花脸猪	大×二	长×二	杜×二
样本数/头	20	20	20	20
始重/千克	13.3±0.8	13.5±1.4	13.5±1.2	13.4±1.6
末重/千克	66.6±3.2	95.4±4.8	92.2±5.1	90.5±4.9
饲料消耗量/千克	200	258	249.5	245

（续表）

项目	二花脸猪	大×二	长×二	杜×二
日增重/克	380.7^B±19.5	585.0^A±29.3	562.1^A±30.2	551.0^A±27.1
料重比	3.75	3.15	3.17	3.18

注：同行肩标大写字母不同表示差异极显著（$P<0.01$），小写字母不同表示差异显著（$P<0.05$），相同字母或未标注表示差异不显著（$P>0.05$），下同。

数据来源：冯宇，徐小波，胡东伟，等，2014. 二花脸猪及其杂种猪的肥育性能与胴体肉质[J]. 养猪（5）：75-77。

表 2-10　试验猪体尺测量结果

项目	二花脸猪	大×二	长×二	杜×二
样本数/头	20	20	20	20
体长/厘米	114.3^{Bc}±9.3	128.1^{ABbc}±9.5	146.1^{Aa}±8.1	132.3^{ABab}±6.5
体高/厘米	56.1^b±2.2	67.3^a±1.9	62.3^{ab}±1.6	63.3^{ab}±2.1
胸围/厘米	95.6^{Bb}±4.8	133.5^{Aa}±9.6	121.1^{ABc}±8.7	123.6^{ABa}±9.8

数据来源：冯宇，徐小波，胡东伟，等，2014. 二花脸猪及其杂种猪的肥育性能与胴体肉质[J]. 养猪（5）：75-77。

表 2-11　试验猪胴体性能测定结果

项目	二花脸猪	大×二	长×二	杜×二
样本数/头	8	8	8	8
胴体直长/厘米	86.3^B±3.6	100.6^{Ab}±3.7	109.5^{Aa}±3.3	104.1^{Aab}±3.5
屠宰率/%	61.2^B±1.6	73.3^A±1.2	71.8^A±1.3	72.2^A±1.5
背膘厚/厘米	3.6^a±0.3	2.9^b±0.2	2.8^b±0.3	2.9^b±0.3
眼肌面积/厘米^2	27.1^B±2.2	38.5^A±2.4	40.3^A±2.1	38.1^A±2.2

（续表）

项目	二花脸猪	大×二	长×二	杜×二
瘦肉率/%	43.8^A±2.0	52.3^B±2.1	53.6^B±1.8	52.2^B±1.9

数据来源：冯宇，徐小波，胡东伟，等，2014. 二花脸猪及其杂种猪的肥育性能与胴体肉质[J]. 养猪（5）：75-77。

表2-12　试验猪肉质性状测定结果

项目	二花脸猪	大×二	长×二	杜×二
样本数/头	8	8	8	8
大理石纹/分	3.81^A±0.26	2.94^B±0.18	2.88^B±0.23	3.19^B±0.26
肉色/分	3.69^A±0.26	2.81^B±0.26	2.75^B±0.27	2.88^B±0.23
pH 值	6.52^a±0.14	6.22^{ab}±0.18	6.12^b±0.21	6.31^a±0.22
剪切力/牛顿	23.54^{Aa}±1.8	18.1^{ABbc}±1.7	16.4^{Bc}±1.3	21.4^{ABab}±2.0
失水率/%	31.1^{Bb}±1.8	35.7^{Aab}±1.9	38.2^{Aa}±2.6	33.2^{Ab}±1.7
熟肉率/%	67.8^{Aa}±1.3	58.2^{Bb}±1.7	57.8^{Bb}±1.8	61.3^{ABb}±1.9
滴水损失/%	3.4^B±0.3	5.3^A±0.4	5.4^A±0.4	4.8^A±0.4

数据来源：冯宇，徐小波，胡东伟，等，2014. 二花脸猪及其杂种猪的肥育性能与胴体肉质[J]. 养猪（5）：75-77。

表2-13　试验猪肉营养成分测定结果

项目	二花脸猪	大×二	长×二	杜×二
样本数/头	8	8	8	8
干物质/%	29.4±1.5	27.1±1.4	26.2±1.2	27.6±1.1
水分/%	70.6±0.7	72.9±2.1	73.8±2.2	72.4±1.8
蛋白质/%	22.3±0.9	22.8±1.0	22.7±1.2	22.6±0.8

（续表）

项目	二花脸猪	大×二	长×二	杜×二
脂肪/%	3.68[Aa]±0.31	3.01[ABb]±0.31	2.92[Bb]±0.23	3.20[ABab]±0.28
灰分/%	1.41±0.13	1.28±0.14	1.37±0.11	1.26±0.10

数据来源：冯宇，徐小波，胡东伟，等，2014. 二花脸猪及其杂种猪的肥育性能与胴体肉质[J]. 养猪（5）：75-77。

由表2-9至表2-13可见，三组杂种猪的日增重显著高于纯种二花脸猪；杂种猪体长、体高、胸围均大于纯种二花脸猪；杂种猪的胴体直长、屠宰率、眼肌面积、瘦肉率均极显著高于纯种二花脸猪，且背膘厚显著低于纯种二花脸猪；杂种猪大理石纹评分、肉色评分、剪切力、pH值、熟肉率均显著低于纯种二花脸猪，且滴水损失显著高于纯种二花脸猪；杂种猪脂肪低于纯种二花脸猪。

因此，从肥育性能来看，以大×二杂种猪生长速度最快，饲料转化率最高；胴体性状方面，以长×二杂种猪相对较好；杂种猪中以杜×二杂种猪的肉质相对较好。

表2-14至表2-18为同等日粮水平及饲养管理条件下，含有二花脸猪四元杂交组合与杜长大三元杂交组合比较试验数据。

表2-14　各组合经产母猪的繁殖性能

组别	长大(♂)×皮二(♀)	长大(♂)×杜二(♀)	皮杜(♂)×大二(♀)	杜(♂)×长大(♀)
窝数/窝	37	65	21	32
总产仔数/头	12.93±3.17[bf]	14.51±3.91[Aa]	12.02±2.86[be]	11.04±3.16[Bf]

（续表）

组别	长大(♂)×皮二(♀)	长大(♂)×杜二(♀)	皮杜(♂)×大二(♀)	杜(♂)×长大(♀)
产活仔数/头	12.71±3.12[bf]	13.86±3.66[Aa]	11.63±3.13[be]	10.14±3.23[Bf]
初生窝重/千克	14.30±3.19	16.11±4.21	12.86±2.20	13.45±3.79
21日龄窝重/千克	57.05±10.92	59.86±12.46	53.75±15.46	44.32±3.52
35日龄断奶仔猪数/头	11.39±2.76[bf]	12.64±1.86[Aa]	10.34±1.44[be]	9.33±3.31[Bf]
35日龄断奶窝重/千克	107.71±17.01	118.27±20.79	96.09±13.47	96.95±19.12
断奶育成率/%	89.61±9.33	91.20±8.33	88.91±5.78	92.01±6.81
妊娠期/天	112.25±1.22	112.85±1.28	112.86±1.95	114.17±2.08

数据来源：兰旅涛，黄路生，麻骏武，等，2005. 太湖猪内四元杂交组合与外三元杜长大组合比较试验[J]. 华南农业大学学报（4）：96-98，105。

表2-15　各组合试验猪的育肥性能

指标	长大皮二	长大杜二	皮杜大二	杜长大
试猪头数/头	16	16	16	16
始重/千克	26.17±2.53	25.93±2.04	26.37±2.25	27.14±2.72
结束重/千克	98.95±9.93	98.45±8.47	96.67±13.58	102.49±10.27
饲养天数/天	105	105	105	101
日增重/克	693.14±43.99[b]	690.67±47.29[b]	669.52±56.76[b]	746.04±69.08[a]
料重比	2.97	2.88	3.04	2.82

数据来源：兰旅涛，黄路生，麻骏武，等，2005. 太湖猪内四元杂交组合与外三元杜长大组合比较试验[J]. 华南农业大学学报（4）：96-98，105。

表 2-16　各组合胴体性状测定结果

组合	数量/头	宰前重/千克	胴体重/千克	屠宰率/%	胴体斜长/厘米	背膘厚/厘米	眼肌面积/厘米²	皮厚/厘米	后腿比例
长大皮二	4	99.92±5.70	75.0±4.67	75.06±1.03	80.0±3.61	2.24±0.26	38.54±7.18	0.46±0.06b	29.58±0.89
长大杜二	4	99.50±2.12	73.45±3.46	73.82±2.55	78.50±3.54	2.60±0.42a	37.50±4.70	0.25±0.07a	29.27±0.36
皮杜大二	4	97.83±4.17	72.67±3.61	74.28±1.62	81.30±2.13	1.82±0.36b	39.85±5.42	0.45±0.03b	31.80±0.52
杜长大	4	101.50±2.41	75.85±1.34	74.73±2.11	83.33±5.48	2.03±0.28b	41.87±7.07	0.23±0.02	30.87±1.26

数据来源: 兰旅祷, 黄路生, 麻骏武, 等, 2005. 大湖猪肉四元杂交组合与外三元杜长大组合比较试验[J]. 华南农业大学学报(4): 96-98, 105。

表 2-17　各组合商品肉猪胴体瘦肉率测定结果

组合	数量/头	左侧胴体重/千克	瘦肉		脂肪		皮		骨	
			重量/千克	占胴体/%	重量/千克	占胴体/%	重量/千克	占胴体/%	重量/千克	占胴体/%
长大皮二	4	36.48±2.89	22.13±2.65	61.23±3.43	5.68±1.76	15.72±4.14	4.25±0.36	11.76±0.53	4.08±0.59	11.29±1.04
长大杜二	4	36.02±1.63	21.83±0.57	61.06±1.28	5.48±0.11	15.33±0.56	4.07±0.07	11.38±0.38	4.37±0.88	12.23±2.21
皮杜大二	4	35.63±3.09	22.32±2.42	63.44±1.95	4.62±1.26	13.13±1.61	4.06±0.55	11.54±0.07	4.18±0.75	11.89±0.34

（续表）

组合	数量/头	左侧胴体重/千克	瘦肉		脂肪		皮		骨	
			重量/千克	占胴体/%	重量/千克	占胴体/%	重量/千克	占胴体/%	重量/千克	占胴体/%
杜长大	4	37.45±2.15	24.25±1.16	65.43±2.91	4.94±0.79	13.33±1.25	3.66±0.18	9.88±0.83	4.21±0.72	11.36±1.06

数据来源：兰旅涛，黄路生，麻骏武，等，2005. 大湖猪肉四元杂交组合与外三元杜长大组合比较试验[J]. 华南农业大学学报（4）：96—98，105。

表2-18 各组组合肉质性状测定结果

组合	数量/头	背最长肌pH值	失水率/%	肉色等级/级	大理石纹等级/级	熟肉率/%	贮存损失/%		肌内脂肪含量/%
							24小时	48小时	
长大皮二	4	6.24±0.01	7.03±0.16	3.00±0	2.98±0.26	67.26±0.33	3.30±0.10	5.53±0.25	2.89±0.65
长大杜二	4	6.21±0.09	6.58±0.95[a]	3.00±0	3.00±0	66.75±0.87	3.24±0.56	5.29±0.36	3.32±0.23
皮杜大二	4	6.27±0.02	10.78±0.23[b]	2.93±0.12	2.75±0.35	63.60±0.68	5.37±0.5	8.78±0.53	2.09±0.47
杜长大	4	6.19±0.06	10.62±1.30[b]	3.00±0	2.90±0.22	65.97±1.45	3.94±0.46	7.26±0.32	1.68±0.37

数据来源：兰旅涛，黄路生，麻骏武，等，2005. 大湖猪肉四元杂交组合与外三元杜长大组合比较试验[J]. 华南农业大学学报（4）：96—98，105。

由表2-14至表2-18可见，总产仔数和产活仔数以长大杜二猪最高，生长速度和饲料报酬以杜长大猪、长大杜二猪和长大皮二猪较好，胴体瘦肉率依次为杜长大猪、皮杜大二猪、长大皮二猪和长大杜二猪，保水性及肌内脂肪含量以长大杜二猪较好，白肤白毛的组合有杜长大猪、长大杜二猪、长大皮二猪。因此，二花脸猪土四元杂交组合在繁殖性能和肉质特性方面有突出表现，尤其是以长大杜二猪组合的杂交效果较为理想。在土四元杂交系统中，生产终端父本长大猪或大长猪公猪的亲本若选用不带氟烷基因的长白猪和大白猪，这样生产的商品猪就不会出现应激，不影响肉品的质量，且被毛颜色一致，均为白色，商用价值高；而且"土四元杂交猪"精肉多，肉味香，比"洋三元猪"的猪肉更好吃。因此，"土四元杂交猪"能更有效地、更快速地、在更大的范围推广，这对于中国地方优良猪种的开发利用和可持续发展养猪生产都具有十分重要的意义。

三、基于地方猪种的瘦肉型培育猪种的二元或三元杂交猪

苏淮猪的前身是新淮猪。自1998年起，在新淮猪中再次导入外血大约克猪，运用"广选、快稳"改良群体继代选育法，配合分子生物学和分子数量遗传学等科学手段，历时12年，培育而成的瘦肉系黑猪，其大约克白猪血统占75%，淮猪血统占25%。2010年3月通过国家畜禽遗传资源委员会的国家级新品

种现场审定，并随后获得国家畜禽新品种（配套系）证书。这标志着苏淮猪正式成为国家级畜禽新品种（图2-2），成为中华人民共和国成立以来江苏省培育出的第二个国家级猪种，同时也是国内在培育猪种基础上进一步培育出的4个黑猪品种之一。

图2-2　苏淮猪公猪（上）和母猪（下）

图片来源：淮安市淮阴新淮种猪场提供。

第二章 专门化肉猪养殖品种组合选择

经农业农村部种猪质量监督检测中心（武汉）测定，苏淮猪的各项指标均已达到或超过原定的育种指标：平均背膘厚度28.7毫米，胴体瘦肉率57.23%，肌内脂肪含量2.32%以上，料重比3.09：1，日增重662克，经产母猪产仔13头以上。如把苏淮猪作为母本，与外来优良公猪杂交，则杂交效果更为显著，日增重可提高15%。

表2-19和表2-20为同等日粮水平及饲养管理条件下，苏淮二元杂交猪［杜洛克猪（♂）×苏淮猪（♀）］育肥及胴体性能测定数据如表2-19、表2-20所示。

表2-19　育肥试验结果

项目	杜洛克猪(♂)×苏淮猪(♀)试验组	苏淮猪对照组	比较（试验组-对照组）/对照组
初始体重/千克	25.2±3.58	24.60±4.73	2.44%
末期均重/千克	98.88±2.85	91.23±3.28	8.39%
饲养期/天	105	105	一致
平均日增重/克	701.71±30.95	634.57±21.76	-10.58%
平均日采食量/千克	1.94±0.64	1.95±0.41	相当
料重比	2.76±0.20	3.08±0.16	-10.39%

数据来源：颜军，朱柳燕，江浩军，等，2014.杜苏杂交猪育肥及胴体性能测定[J].中国畜牧兽医文摘，30（12）：53-54。

表2-20　胴体性能

项目	杜洛克猪(♂)×苏淮猪(♀)试验组				苏淮猪对照组			
	1号	2号	3号	平均	1号	2号	3号	平均
宰前活重/千克	98.5	96.9	92.5	98.5	90.2	89.8	93.4	91.1

（续表）

项目	杜洛克猪(♂)×苏淮猪(♀)试验组				苏淮猪对照组			
	1 号	2 号	3 号	平均	1 号	2 号	3 号	平均
胴体重/千克	73.9	70.21	75.5	73.2	64.9	63.8	68.6	65.7
屠宰率/%	75.0	72.3	75.3	74.2	71.9	71.0	73.4	72.1
瘦肉率/%	56.7	58.1	56.2	57.0	56.6	57.2	56.0	56.6

数据来源：颜军，朱柳燕，江浩军，等，2014. 杜苏杂交猪育肥及胴体性能测定[J].中国畜牧兽医文摘，30（12）：53-54。

由表2-19和表2-20可见，试验组育肥效果、屠宰率、胴体瘦肉率、日增重、饲料利用率均高于对照组。苏淮猪通过二元杂交实现了肉质稳定生产，为日趋成熟的"安全、优质、环境可控"的消费理念，注入了强有力的绿色动力，保障了市场的稳定。

第三章　专门化肉猪养殖场的设计

　　猪场的选址应符合《中华人民共和国土地法》与《中华人民共和国环境保护法》要求，参照 GB/T 17824.1—2008 和"动物防疫条件合格证"发证机关评估结果确认饲养场选址，远离其他生猪场、居民生活区、屠宰场和主干道路；依据自然资源禀赋、环境承受能力和产业现实基础等因素，坚持种养平衡，适度规模原则，但能满足这种要求的理想场地意味着需要大量的额外投资，往往会超出中小规模养殖户的承受能力，实际生产中场址的选定多数时候都是基本要求和所需额外投资相妥协的结果。考虑到生猪粪污还田利用，构建"养殖–种植"一体的循环经济是当前解决畜牧业养殖废弃物污染的有效方法。按以粮食、蔬菜、果树和苗木 4 种主要的种植模式计算，采用"固体粪便堆肥+污水肥料化利用"技术模式，以污水安全消纳为目标，每亩（1 亩 ≈ 667 米^2）稻麦地可承载 53.5 头猪，每亩茄果类蔬菜地承载 47 头猪，每亩桃园可承载 15 头猪，每亩茶园可承载 40 头猪。对粪污全量还田利用模式，每亩稻麦地可承载 2.3 头猪，每亩茄果类蔬菜地承载 4.5 头猪，每亩桃园可承载 1.0 头猪，每亩茶园可承载 1.2 头猪。考虑到专门化肉猪场的土地面积需求量，在进行不同情况下的专门化肉猪场规划时，一方面尽量考虑满足配套种植用地，另一方面需要综合考虑生猪废弃物的高效资源化利用，建立生态健康的专门化肉猪养殖场，需要引进科学的粪污资源化利用的技术，配套相关装备，产生可利用的生物有机肥产品，延长专门化肉猪养殖的价值链，形成各具特色的养殖业循环经济模式。

第一节　场址的选择

要建设好一个专门标准化的肉猪场，最重要的是要有一个科学合理的整体规划设计。场址选择得好坏直接影响着猪场将来的生产和经济效益，在选址时要因时因地做出判断，场址的选择应综合考虑以下几方面。

一是场地应符合当地土地发展规划和村镇建设发展规划的要求，地势应当高燥、平坦，节约用地，若在丘陵山地建场时应尽量选择阳坡，坡度不超过 20°，场址应根据当地的主导风向，位于居民区及公共建筑群的下风处，但不应位于窝风地段。

二是场址距交通干线不少于 500 米，距居民居住区和其他生猪场不少于 1 000 米，附近交通便利，水源、电源充足，粪污能就地处理或消纳。

三是场址满足建设工程需要的水文地质和工程地质条件，旅游区、自然保护区、环境污染严重地区、生猪疫病常发区及易受洪涝威胁的地段等地带或地区不能建场。

第二节　猪舍的设计

2018 年 8 月我国报道非洲猪瘟疫情以来，整个养猪业所暴露出来的问题提醒我们，猪场规划建设是做好疫病防控的重要前提。为了实现猪群健康高效生产，要合理规划建好猪舍，需要综合考虑生物安全和环境条件，这对促进猪的健康生长，预防疫病和方便管理是很重要的，猪舍设计应结合以下几方面考虑。

一是在场区布局结构上，场区周边设围墙，大门口建设车辆消毒烘干房，猪场内设定生活区、生产区、隔离区、粪污处理区和病死猪集中处理区，各区之间保持一定间隔。

二是生活区应配备宿舍、食堂、卫生间等生活用房，及办公室、兽医室等附属建筑。兽医室应对生产区开门。分别建饲料储藏间、杂物和疫苗兽药储藏间，并设内外进出窗口；对于实施自动喂料的，可在场区围墙内侧安装配备料塔，通过管线将饲料送入生产区猪舍内。

三是生产区门口设置人员进出消毒区域，包括设置消毒池和更衣淋浴室（按生产区外更衣室-淋浴间-生产区内更衣室布局）。

四是生产区依据地形建生产舍。猪舍建筑的朝向与光照、温度和通风关系密切，其实质是科学地利用太阳光、太阳辐射和主导风向，最大程度地减少严寒酷暑对猪群的影响，达到冬暖夏凉的效果。生产舍可以根据地形地势建成1栋双列式猪舍或两栋单列式猪舍，栋间前后间距应大于8米，左右间距应大于5米。猪舍建筑宜选用有窗式建筑，并配备纱窗等防蚊虫设施，猪舍门口设置消毒池、挡鼠板、每栋猪舍建议设有管理房，檐高不低于2.4米。单列式猪舍舍内通道宜设置在北侧，双列式猪舍通道宜设置在中间，宽度1.0~1.2米。

五是生产区门口分别建专用进、出猪台，猪群周转间和相应赶猪通道，可固化建设，亦可用移动式平台；猪群周转间应对侧开门，确保两扇门不能同时处于开启状态。生产舍内设置病猪隔离栏，病猪隔离栏布局在猪舍内出风口位置，猪舍内病猪隔离栏材质区别于正常猪栏材质，应采用实心墙进行物理隔离；有条件的可以单独建一个病猪隔离间，或病猪隔离区。

六是在生产舍下风方向，建粪污和病死猪集中处理区，生产区与集中处理区之间设进出两条通道，设置车辆与人员洗消点。

七是实施雨污分流，污水管道化，每个拐弯点和直线管道每隔 20 米设置窨井；生活区与生产区分别配备单独的污水管道。

八是采用整栋全进全出的生产方式，一次性引进苗猪入栏饲养 17~22 周，依据饲养猪种不同，建议体重达到 100~130 千克时出栏，无混群。

第四章　专门化肉猪养殖设施设备

近几年，我国养猪业取得长足发展的同时，养猪机械设备的应用也在逐年增加。规模化猪场采用现代化养殖模式，机械化和自动化设备也应用于饲喂、饮水、猪群管理、舍内环境控制、养殖粪污处理等各个方面。不仅大幅度提高了劳动生产率和经济效益，还加强了养殖过程的可控程度，对于生猪健康生产、优质安全放心猪肉溯源具有重要意义。本章将重点介绍专门化肉猪养殖场中养殖装备应用的方面。

第一节　喂料设施设备

机械化全自动喂料系统适用于规模经营生猪养殖场和较大规模的专门化育肥猪养殖场，分为干料自动送料系统和湿料自动送料系统（图4-1）。

运用干料自动输送系统，技术员可以实现定时、定量饲

图 4-1　自动干湿喂料机

喂，以满足不同类型猪只不同生长时期的饲喂需求，可以有效减少猪只喂料应激。操作方便、投料量准确，对饲养管理人员水平要求低，工人劳动强度下降。整个饲料运输都在封闭状态下进行，饲料不会直接受到外界环境的污染，一般在育肥猪和母猪生产中普及。

在干料自动输送系统基础上，将干料槽换为干湿料槽的"湿料自动送料系统"是一种用于保育猪和育肥猪的智能型饲喂设备，饲料和水可以按照一定的比例同下，并且在设备上安装有感应探头，当料槽中的饲料量有残留，饲喂时段内不下料，不会造成料槽下料太多，时刻保持料槽饲料是新鲜的。

对于规模在 1 000 头以内的专门化肉猪养殖场，可采用半自动喂料方式，即小猪阶段使用料槽，中大猪使用自动喂料，减少劳动力支出。对于有资金实力的养殖场，建议猪舍内配备全自动饲喂系统，同时满足饮水位与饲料位按 1∶3 标准，实现同时下料、定位定量饲喂，降低员工劳动强度，提高喂料的效率，有效减轻猪群应激反应。同时，电容式接近传感器等设备主件采用进口，保证料线系统运行稳定、高效、控料精准。

第二节　供水设施设备

猪的饮水是一个复杂的系统工程。饮水器的大小、水流量、堵塞情况、缺损程度、安装高度，饮水的位置、饮水器间距、不同类型猪的饮水器选择、饮水器的数量，猪采食干粉/湿料、不同饲养管理模式、自由采食或是分餐采食、猪群的密度、不同类型猪的日饮水行为、猪的不同状态、猪的饮水习惯、不同类型猪的日耗水量、气温、水温，猪舍主供水管口径、材质、堵塞情况、水质、水塔或水池的设计，出水管口径、主供水管内压力、猪是否适应供水系统水压力设计、有无多套供水系统独立分开设计和使用等，以上 30 多个方面都会影响猪对水的需求。

猪场应用的自动饮水器种类众多，这些饮水器的原理基本一样，但结构稍有差异（图 4-2）。根据结构不同，自动饮水

图 4-2 饮水器

器可分为鸭嘴式饮水器、乳头式饮水器、饮水碗等。近年来还有新型的气压式自动饮水阀。饮水器的安装位置、数量要与猪只类型、猪群大小相适，一般每 5 ~ 10 头猪用一个饮水器。保育舍每圈超过 10 头、育肥舍每圈超过 12 头时，每圈安装两个以上饮水器。多个饮水器安装时，两饮水器之间的距离要大于猪的体长。饮水器应安装在喂料器附近，与猪的休息区和排泄区保持距离。另外，饮水器数量充足也是必要的，通常饮水位与饲料位需达到 1 : 3 的饮水标准。表 4-1 和表 4-2 为不同饮水器的特点对比分析。

表4-1 不同饮水器特点比较

项目	流量/（升/分钟）	高度/厘米	每个饮水器饮水猪头数/头	日耗饮水量/千克	饮水器安装位置
断奶仔猪（5~10千克）	1.0	15/25	6~8	1.5~2.5	离排粪区40厘米处
小猪（10~35千克）	1.5	35/45	6~8	2.5~4.0	离排粪区40厘米处
中猪（35~75千克）	2.0	45/60	6~8	4.0~6.0	离排粪区40厘米处
大猪（75~130千克）	2.0	60/70	6~8	6.0~7.5	离排粪区40厘米处

数据来源：许道军，2014. 猪场环境保健关键技术[M]. 北京：中国农业出版社。

表4-2 各种饮水器的对比分析

类别	节水效果	缺陷
鸭嘴式饮水器	▲	饮水压力大，容易溅水；饮水器内弹簧易坏；水压不足时容易导致猪群饮水量不足
乳头式饮水器	▲▲	出水量大，漏水多，较少使用
饮水碗	▲▲▲	漏水较少，但水容易被污染，猪很难喝到干净的饮水是非常重要的缺陷
气压式自动饮水阀	▲▲▲▲▲	漏水少，水不容易被污染，猪能喝到干净的饮水，但价格较贵

注：▲数量越多表示节水效果越好。

数据来源：编者对饮水器市场调研获得。

第三节 猪舍通风设施设备

根据通风的方式不同，猪舍的通风措施分为自然通风和机械通风两种。

根据通风的目的不同，猪舍的通风措施分为降温通风和换气通风两种。其中降温通风主要在气温较高的夏季采用，目的是有效降低猪舍内气温，一般与湿帘设备配套使用。换气通风则一般在气温较低时采用，主要目的是引入新鲜空气，排出有害气体。

在目前通风模式中，有自然通风、屋顶通风囱通风、屋顶动力正压通风、山墙负压通风、粪沟通风、管道通风、隧道通风以及垂直通风等多种通风模式。这些通风模式各有优劣，在猪场通风设计中，需要根据各地实际情况，对这些方法组合使用，合理采用联合通风系统。以江苏地区为例，可采用正压通风模式和管道通风模式，通过采用正压通风模式辅助舍内原有负压隧道通风，将通风管选择"前疏后密"开孔方式，从而达到正压风机经过管道出风口出风，再由舍内原有负压风机将空气排出，并且形成一个新鲜空气的循环，增加猪舍的换气频率，可以减少猪舍内负压，提高猪舍内含氧量。表4-3为不同阶段猪的通风需求量（以全漏粪美式隧道通风为例）。

表4-3 不同阶段猪的通风需求量（以全漏粪美式隧道通风为例）

不同阶段的猪	最小通风需求量/（米³/小时）	最大通风需求量/（米³/小时）
断奶仔猪	1.7	42.5
20千克仔猪	2.6	59.5
20千克育肥猪	2.6	59.5
40千克育肥猪	6	127.4
60千克育肥猪	8	127.4
80千克育肥猪	10	200
100千克育肥猪	17	200

数据来源：温氏股份江苏养猪公司提供。

对于中小规模猪场，可以在屋顶设立无动力换气风扇，山墙采用低压低速转轴流风机，粪沟采用高转速流风机，将自然通风、湿帘负压通风和粪沟通风结合。

由于猪舍通风要求流量大、压力较低、噪声小等，从通风要求和节能方面考虑，一般选用轴流风机，规格型号根据具体情况考虑。降温通风采用负压风机进行隧道式通风，材质主要为镀锌板和玻璃钢，功率在0.5~1.1千瓦。表4-4为不同直径风扇的最大通风量。表4-5为不同风机类型特点。

表4-4 不同直径风扇的最大通风量

风扇直径/厘米	最大通风量/（米³/小时）
30	2 000

（续表）

风扇直径/厘米	最大通风量/（米³/小时）
35	3 000
40	4 500
45	6 000
50	8 000
56	9 500
63	10 000

注：该部分数据由上海科诺牧业设备股份有限公司提供，仅供参考。不同品牌、不同材质（玻璃钢和镀锌板）、不同电机、有无拢风筒的风机风量差异较大，同时在不同压力下表现也不同。

表4-5　不同风机类型特点

风机类型	特点
变频风机	直驱风，无皮带传动，采用镀锌板外壳
镀锌板风机	猪场一般用五叶片
玻璃钢风机	坚固耐用，抗腐蚀能力强
屋顶无动力风机	投入和使用成本低

数据来源：编者对风机市场调研获得。

目前，我国规模猪场的通风设备正在由全自动化电脑管控替代半自动化的设备，因此对于猪舍的参数和不同猪生长阶段的通风需求量的参数设置就显得尤为重要。

第四节　采暖设施设备

专门化肉猪场采用的加温方式主要有火炉或火墙、暖气热风炉取暖、地热取暖等，地热取暖有水暖地热和电地热两种（图4-3）。每种取暖方式都有优缺点，也在不断改进过程中。随着养殖环境压力的增大，传统的燃煤取暖已经在逐步被淘汰。因此采暖方式也将发生变化。畜牧工作人员也在积极引进其他行业的加温设备与畜牧业结合起来，因此不断有更节能环保、效率更高的产品推出。最近编写组专家推出一种新

图4-3　猪场地暖设备

型冬季智能加温设备，采用直流变频空气能采暖供热，根据猪舍温度变化自动调节压缩机频率，维持猪舍内温度。比传统的燃煤炉地暖节约成本达50%。表4-6为不同取暖方式节能效果比较。

第五节 清粪工艺

猪舍的清粪方式分为水冲粪工艺、水泡粪工艺和干清粪工艺。

一、水冲粪工艺

1. 优点

（1）猪舍清洁度易保持。

（2）工人工作强度小，效率很高。

（3）减少了室内的臭气浓度。

2. 缺点

（1）耗水量大，万头规模猪场每日耗水量至少200米^3。

（2）粪污含水量大，固液分离成本高，不利于舍内外环境控制。

（3）固液分离后，液体部分贮存及处理成本高。

表 4-6 不同取暖方式节能效果比较

取暖方式	原理	缺点	设备投入	节能效果	适用规模
暖气	通过燃烧锅炉，通过管道与事先安装在猪舍的暖气片相连，此供热均匀	投资大，解决不了地面潮湿的问题	锅炉 800 元左右，暖气片 15 元/米^2	▲▲	规模化猪场
热风炉取暖	通过热风炉将热气吹向猪舍，可迅速提高舍内温度	温度难以保证恒定，吹起即热，停气即凉	设备 5 万元左右	▲▲	规模化猪场
水暖地热	将水管铺设在水泥地面下，通过锅炉将水加热，使用水泵加压使热水流经管道，将热量传递到地面，达到保暖的目的	水管末端提供的温度较低，水管损环后不易维修，以及冬季温度低时存在冻裂的风险	锅炉 8 000 元左右，管道铺设为 80 元/米^2	▲▲▲	规模化猪场
电地热	在需加热的水泥地下铺设电线或电阻丝，通电后使地面发热，达到采暖和保温的目的	设备耗能高，电阻丝损环后维修不方便	200 元/米^2	▲▲▲▲	规模化猪场

（续表）

取暖方式	原理	缺点	设备投入	节能效果	适用规模
其他改进的加温设备	采用空气能、地下水源的能量等，经过压缩机提取供给猪舍供暖使用，如直流变频空气能采暖供热，此设备节能率效率更高	设备投入费用高	100元/米²	▲▲▲▲▲	不同类型猪场
分体/多联机空调制热供暖	空气中的低温热量通过室外换热器热传导至冷媒，使冷媒气化，然后气化后的冷媒通过压缩机压缩后升温，再通过热交换器与舍内空气热交换，对舍内进行升温	设备维修频率较高	3p: 6 600元/台；5p: 8 500元/台	▲	不同类型猪场
大功率保温灯（600 瓦）	通过红外线灯泡热辐射提高区域内温度	热辐射面积较小只适用于仔猪阶段	260 元/台	▲▲	规模化猪场

注：▲越多表示节能效果越好。

数据来源：编者对采暖设备市场调研获得。

3. 粪污处理建议

可用斜筛式固液分离机进行脱水处理。固体部分堆肥发酵腐熟后可作有机肥。液体部分进入厌氧发酵设备，厌氧发酵后产生沼气，沼液部分作液体有机肥。此模式不建议使用。

二、水泡粪工艺

1. 优点

（1）相比水冲粪模式节省水资源。

（2）工人劳动强度小、效率高。

2. 缺点

（1）贮粪沟内厌氧发酵产生有害气体，对猪舍的空气流通要求高。

（2）固液分离成本高。

3. 粪污处理建议

可用固液分离机进行脱水处理。固体部分堆肥发酵腐熟后可作有机肥。液体部分进入厌氧发酵设备，厌氧发酵后产生沼气，沼液部分作液体有机肥。

三、干清粪工艺

1. 优点

（1）固液分离成本低。

（2）节省水电成本。

（3）机械清粪效率高。

2. 缺点

（1）人工清粪劳动强度大，效率低。

（2）机械清粪投资高。

3. 粪污处理建议

有条件的猪场可用机械刮粪机清理猪粪，粪便可用固液分离机进行脱水处理。固体部分堆肥发酵腐熟后可作有机肥。液体部分进入厌氧发酵设备，厌氧发酵后产生沼气，沼液部分作液体有机肥。

目前新建、改建、扩建的生猪养殖场宜采用干清粪工艺。采用机械刮粪–自动清粪系统（刮粪板）的方式，可及时把猪舍内的生猪粪便清理干净，使生猪粪便在猪舍内的停留时间缩短，减少有害病菌的滋生，改善猪舍内的空气环境。

第六节　粪污处理方式与设备

目前，我国中小型猪场大部分采用粪尿混合处理的沼气工程厌氧发酵工艺，但是由于沼气工程需要投入发酵池、储气设备和管道等，投资成本比较大，而且沼气的利用率低，所以经济效益并不显著。

固液分离机，可以将养殖粪污固液分离，固体采用堆肥方式进行处理，废液则通过厌氧发酵无害化处理后进行灌溉排放。

此外，部分家庭农场还采用异位发酵床工艺处理生猪粪便。这种方式可以实现粪污的无害化处理，涉及的主要设备设施主要有翻抛机、发酵床建设等。

按每头生猪 0.33（或者按照 0.2~0.4）米³ 的垫料计算异位发酵的规模，异位发酵床的建设成本为 60~80 元/头，适合于家庭农场配备。异位发酵床需要配备翻抛机和粪污喷洒管道等设备。但非洲猪瘟进入国内之后，由于生物安全要求，发酵床的垫料更换不方便，很多家庭农场将异位发酵床模式改为堆粪棚+三级沉淀池（即粪污先干湿分离，干粪经堆粪棚堆积发酵后还田施用；污水采用厌氧、好氧及沉淀处理，处理后的尾水作为液体肥料用于农田灌溉）。表 4-7 为不同粪污处理方式成本及优缺点比较。

表 4-7　不同粪污处理方式成本及优缺点比较

类型	成本分析	优点	缺点
异位发酵床堆肥	成本较高，约 4 万/户（100 米²）	猪粪尿处理效果好，无臭味，可实现资源回收利用	要求控制水分，对猪粪含水率有较高要求
沼气+农业利用	成本较低，可申请补贴	操作简单，技术较成熟	占地面积大，后续需要配套农业利用
堆粪棚+三级沉淀池	成本较低	操作简单，技术成熟	后续需要配套农业利用

数据来源：编者对粪污处理方式调研获得。

第七节　除臭工艺与设备

随着养殖环保要求越来越严，很多地方要求猪舍建设时增加除臭工艺。当前的除臭工艺主要是"猪舍风机末端除臭系统"，该除臭系统由除臭菌剂、喷雾装置、挡网装置、回流装置和框架结构等组成，形成了"物理-化学-生物"相结合的除臭工艺。

臭味物质一般吸附在粉尘上，通过粉尘排出舍外；"猪舍风机末端除臭系统"首先通过"喷雾+挡网"装置进行粉尘的去除，能够减少大部分臭气的排放；再通过在喷雾中添加酸碱洗涤剂或生物除臭菌剂，降低喷雾酸碱度，促进铵态氨向硝态氨转化，进一步强化臭味物质的吸收。

湿式洗涤技术是"猪舍风机末端除臭系统"中除臭的关键环节，具有安全、稳定、高效等优点。根据洗涤液成分，常用的湿式洗涤技术可分为清水洗涤、酸性洗涤、碱性洗涤、生物洗涤。其中，清水洗涤，以清水作为洗涤液，通过清水喷洒，吸附氨气并沉淀粉尘；酸性洗涤，以硫酸、盐酸及乳酸等酸性物质作为洗涤液，可通过化学反应有效吸附臭气中的氨等碱性物质；碱性洗涤，以氢氧化钠等碱性物质作为洗涤液，通过化学反应吸附去除臭气中的硫化氢等酸性物质；生物洗涤，在洗涤液中添加微生物菌剂，形成微生物膜，将氨气等转化为硝酸盐和亚硝酸盐等。应根据不同污染物特性，选择一种或多种洗涤技术组合。

风机后端除臭挡网装置是"猪舍风机末端除臭系统"中臭气减排的关键环节（图4-4和图4-5），可有效去除粉尘，实现大部分臭气排放。为减少风机后端除臭挡网系统运行对舍内

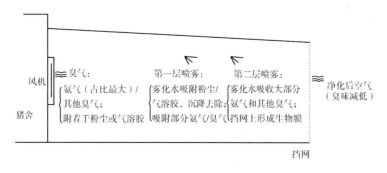

图4-4　除臭挡网原理

通风的影响，原则上要求猪舍风机后端有3米以上的有效场地。由于环保改造而使用风机后端除臭挡网系统的养殖场，根据场地情况，合理选择安装距离；而新建养殖场应把除臭挡网系统作为标配工程，在建设前期同期规划，确保规划合理，整洁美观。

采用水泡粪工艺的，也宜在贮粪区一侧安装负压通风设施和"猪舍风机末端除臭系统"。

图 4-5 猪场除臭挡网

第五章 专门化肉猪养殖粪污、臭气、病死猪处理模式

第一节 粪污处理模式

一、水冲粪

水冲粪工艺的主要目的是及时有效地清除猪舍内粪便、尿液，保护猪舍环境卫生，具体方法是粪尿污水混合进入缝隙地板下的粪沟，每天数次从沟端的水喷头放水冲洗。粪水顺粪沟流入粪便主干沟，进入地下贮粪池或用泵抽吸到地面贮粪池。优点是减少人工成本、降低室内臭气浓度，但缺点较多，耗水量大、粪污含水量大、固液分离成本高。同时加大环境湿度，不利于环境控制，可能将导致病原菌快速繁殖，从而增加猪群健康保障压力等。目前该处理方式已逐步被淘汰。

二、水泡粪

水泡粪工艺是我国规模化养猪的第一代技术，采用"漏缝地板+水池"进行粪污处理。饲养员只要用扫把和少量自来水冲洗漏缝地板上的猪粪就可以保持栏舍地面干净。在猪场外建设配套的贮粪池。整个冬季把粪污水贮存在贮粪池中，春季化冻后把粪污水用粪泵泵至周围农田作肥料，灌溉作物。优点是工艺简单，提高效率；缺点是夏季室内空气质量较差，臭气在室内存积时间长，排出的粪污水难以处理。

三、人工干清粪

人工干清粪是我国小规模养猪场早期常用的清粪方法。在规模不大、劳动力充足的地区，工人到每个猪圈打扫清粪，集中到室外再进行统一处理。尿和污水则自流至污水池，外运到农田。这种方法劳动效率低，用工成本高，不适宜生产强度较大的大型规模化猪场。

四、机械干清粪

相比于人工干清粪工艺，机械干清粪则采用自动清粪系统（刮粪板）的方式代替人工，每天定期把畜禽舍内的生猪粪便清理干净，使生猪粪便在猪舍内的停留时间缩短，减少有害病菌的滋生，改善猪舍内的空气环境。这种模式更适用于大型规模化猪场。

五、粪尿固液分离处理

为解决粪尿混合物处理难度大的问题，可通过粪尿固液分离设备，将固体部分挤压（或过滤）出来加工成有机肥；液体部分可进一步采用好氧发酵、厌氧发酵等处理，因含有部分有机质成分，可缩短发酵时间，提高处理效率，且发酵过程中也不会产生浮渣结壳等问题，也省去了发酵后沼渣的处理过程。该处理工艺可有效提高生猪粪污处理效率，普遍应用于大型规模化猪场或生猪粪污集中处理中心。

六、沼气工程

通过漏缝地板下来的粪尿混合污水通过管道进入专门的沼气发酵罐或黑膜沼气池经过厌氧发酵，生产的沼渣可用于加工商品有机肥，沼液可用作液态肥还田利用，沼气可作为热源供场内使用，或通过发电进行并网。该工艺的缺点是，前期投入大，还要定期清理沼渣和沼液，如没有足够的农田，沼渣和沼液的处理也有一定难度。目前大部分大型规模猪场或粪污集中处理中心均采用沼气工程处理含水量较大的生猪粪污。

七、发酵床

1. 原位发酵床

用木屑和稻壳或其他秸秆等混合物，加上特定的菌种发酵，经混合、搅拌、发酵数天后，铺在猪圈内作为垫料，厚为80～100厘米，并以此为圈舍床体，在上面养猪，即为原位发酵床（图5-1）。平时只要人工或机械将猪粪撒开，避免集中一处，一般3～5年换一次垫料。其优点是节约用水（可节水80%～90%），节约人工（1人可养肉猪300～500头或母猪150头），冬季保温效果好。我国各地经过10多年的实践，发现发

图5-1　原位发酵床

酵床养猪也有一定的缺点。一是第一次投资大，木屑来源少、价格贵；二是平时要勤管理，人工成本较高；三是易产生粉尘，猪呼吸道疾病风险增加，长期不换垫料，猪易患寄生虫病，且夏季猪舍内温度较高；舍内消毒对床体菌种生长有负面影响。非洲猪瘟后，由于对猪场的消毒加强，垫料进场难度大，该模式生产应用逐步减少。

2. 异位发酵床

异位发酵床是相对于原位发酵床而言，将动物的饲养与粪污的降解分开处理，是一项集无害化、熟化和资源利用为一体的综合配套技术（图5-2）。该技术将养殖的粪污收集后，通

图5-2　异位发酵床

过喷淋装置，将粪污均匀地喷洒在发酵槽内的垫料上，并加入专用的高温菌种，利用翻抛机翻耙，使粪污和垫料充分混合，在微生物作用下进行充分发酵，将粪污中的粗蛋白、粗脂肪、残余淀粉和尿素等有机物质进行降解或分解成氧气、二氧化碳、水和腐基质等，同时产生热量，中心发酵层温度可达 $60 \sim 65℃$。通过翻抛作用，水分蒸发，留下的残渣变成有机肥。它不仅解决粪污水对环境的污染，实现了污水"零排放"，而且还给猪场提供一个良好的饲养环境，减少疾病的发生、利于猪群的生长。但是对于木屑等垫料缺乏的地区，更换垫料价格贵，且床体管理要求较高。

第二节　臭气处理模式

生猪粪尿和污水在堆放过程中，有机物的腐败分解是养殖恶臭的主要来源，养殖舍、粪污贮存与处理场所、养殖废弃物处理车间等是恶臭气体排放的主要环节。养殖场的臭气污染物是由不同排放源的多种气体成分混合在一起而组成的，低级脂肪酸、氨气和硫化物则是猪场的主要恶臭物质组分。当前育肥猪场臭气处理可以考虑以下几种方式共同或根据场内情况部分使用。

一、饲粮调节，源头减量

主要通过强化饲料管理，调整饲料营养配方，在确保不影响动物生产性能和产品品质的前提下，通过调减日粮中蛋白质和含硫化合物比例，并适当添加微生态制剂或发酵饲料，减少粪尿中氨氮、硫等臭气的主要来源物质。

1. 低蛋白低硫日粮技术

通过适当补充外源氨基酸、发酵豆粕和谷物以平衡营养氨基酸水平，控制饲料能量水平，可适当降低饲料中粗蛋白质含量 1~2 个百分点。适当减少肉骨粉、鱼粉等含硫化合物较高的饲料原料，可有效减少生猪排泄物中 H_2S 的产生。需注意应根据生猪生长变化及时调整饲料营养配方，确保养殖生产效率不受影响。

2. 微生态制剂调节技术

在饲料中添加乳酸杆菌、酵母菌、双歧杆菌、芽孢杆菌和肠球菌等复合微生物制剂，可减少代谢过程中氨氮、硫等的排放，达到臭气减排的效果。

二、强化管理，过程控制

通过加强清粪、通风等养殖环节管理，并使用除臭剂和猪舍风机末端安装除臭系统，可有效减少臭气进一步向外环境扩散。

第五章　专门化肉猪养殖粪污、臭气、病死猪处理模式

1. 清粪管理

粪污与空气接触的面积与时间是影响臭气产生的主要因素，应尽量减少粪便在空气中暴露的时间。对于人工清粪，每日粪污清理至少2次，使舍内地面保持清洁干燥，特别在夏季高温时应防止粪便在舍内堆积。对于采取粪尿固液分离工艺的，应及时对其固体、液体部分进行下一步处理，避免长时间存放造成厌氧发酵，减少臭气产生。

（1）"V"形刮板。刮沟地板向中央倾斜，固体粪便留在倾斜地板上，液体流向中心的管道，通过管道坡度自流，最终收集至贮存池。刮粪机将地板上的固体粪便推至末端的收集点，进行单独存放或堆肥处理。

（2）平形刮板。刮沟地板是平的，地板两端整体一低一高，刮粪方向为从低到高，固体粪便从低端到高端刮走，液体部分通过自流从高端向低端流入集液池。

2. 通风管理

（1）自然通风。猪舍根据地势及气候特点进行通透性设计，利用空气的风压或热压差，通过对猪舍朝向及进气口位置及大小的合理设计，使猪舍实现通风换气。除日常需保持持续通风外，夏季舍内使用空调或冬季需闭舍保温时，每日仍需进行适当通风。

（2）机械通风。以风机为猪舍中空气流动的驱动力，可在排出舍内臭气的同时，有效去除粉尘，实现猪舍空气净化，特

别是在相对干燥的夏季，需通过机械通风，促进舍内臭气排出，但应收集处理后再排放至环境。

3. 添加除臭制剂

在生猪排泄物中或生猪圈舍投放除臭剂可有效减少臭气产生，包括物理除臭剂、化学除臭剂、微生物除臭剂及遮掩型除臭剂。

（1）物理除臭剂。主要有活性炭、沸石粉、膨润土、凹凸棒等，通过吸附作用，降低臭气浓度，并未改变臭气组分或消除，且达到其吸附饱和度后，除臭效果将显著下降。

（2）化学除臭剂。主要包括磷酸氢钙、氯化钙、硫酸亚铁、过氧化氢、亚硝酸盐等，通过除臭剂与排泄物发生化学反应，使臭气组分转化为无臭物质，达到除臭效果。但需防范化学反应过程中产生有毒有害副产物造成的二次污染物。

（3）微生物除臭剂。复合菌剂较单一菌剂效果更好，芽孢杆菌、双歧杆菌、乳酸菌等复合菌剂投放到生猪排泄物中或圈舍地面，可降低 pH 值、抑制其他有害菌、调整粪便中微生物群等作用，从而减少臭气产生。使用时注意控制环境温度等，以稳定其发酵除臭效果。

（4）遮掩型除臭剂。采用香料、松叶油、薄荷油或芳香类化合物如樟脑、桉油、茴香等雾化后对舍内进行喷雾，可对臭气进行掩盖。减少臭气对感官刺激，但并未减少臭气物质，只起到遮掩效果，可作为辅助除臭剂在除臭环节使用。

4. 猪舍风机末端除臭系统

如第四章第七节除臭工艺与设备所述，在猪场猪舍风机末端安装除臭系统，可以有效吸附臭气，减少大部分臭气的排放。

第三节　病死猪处理模式

一、掩埋法

掩埋法就是对废弃物用土壤掩埋的方式进行抛弃处理，即将病畜用密闭车运至深埋地掩埋，在掩埋地表面及周围环境应使用有效消毒药品喷洒消毒。这种方法曾是最普遍、最方便易行的一种方法。其所消耗的人力、物力、财力是众多处理方式中最少的一个，因此也成为很多小型养殖户和规模较小的生猪养殖场处理病死猪肉的选择。虽然掩埋法操作简单，耗力较小，但自从有了非洲猪瘟疫情之后，该方法不再适宜，不建议采用。对于没有发生过非洲猪瘟疫情的猪场，处理起来也不能粗心大意，必须做到五"慎"五"严"。决定要慎，诊断要严；扑杀要慎，封存要严；运输要慎，方法要严；选址要慎，方法要严；消毒要慎，监督要严，这样才能做到环境不被污染。

二、焚烧法

焚烧法，即将病害猪肉用收尸袋和收尸桶密封，再用氯制剂等消毒药喷洒收尸袋表面后，用密闭车运至焚化炉炭化。焚烧法是除了掩埋法之外处理病死猪肉最常用的一种方法。与掩埋法相比，焚烧法具有处理时间短、消耗人力少、操作更方便等优点，而掩埋法既占用大量土地资源，又易产生高浓度渗滤液，产生的沼气容易造成爆炸事故。

目前国内外废弃物焚烧处理主要有四种方法：机械炉排式焚烧炉、回转窑、流化床和控制风式焚烧。其中，机械炉排式焚烧处理具有产生烟气量小、灰尘浓度低、热导效果好、燃烧效果好等特点，是处理病死牲畜最理想的方法。

三、化制法

所谓化制法，就是将病畜用密封的尸体袋包装消毒后密封运至化制处，投入专用湿化机或干化机进行化制，化制后形成肥料、饲料、皮革等有用资源。通常进行化制的原料不仅仅局限于病死的牲畜，还包括从畜牧场、屠宰场、肉品或食品加工厂和传统市场产生的下脚料。一般情况下，将病死猪肉进行化制处理必须经过以下工序：集中收集病死猪肉，绞碎处理，高温蒸煮，翻炒，油骨分离，半成品与残渣处理，包装，出厂。与掩埋法和焚烧法相比，化制法是处理病死牲畜尸体更为环保、更有经济价值的一种方法。

四、环保型无害化处理

环保型无害化处理是依据生态学、生物学、经济学、系统工程学原理，以土地资源为基础，以太阳能为动力，以鱼塘为纽带，产、养业结合，通过生物转换技术，在田园全封闭状态下，将过程中产生的不可利用死牲畜的血、内脏等通过鱼塘予以消化，形成良好的生态循环利用体系。它是在一块较大面积的土地上，实现产粉、产油同步，生产、养殖并举，建立一个生物种群较多，食物链结构健全，能流、物流较快循环的能源生态系统工程，成为发展生态农业，实施农业生产结构调整，建设生态家园，促进农村经济繁荣，改善生态环境，提高人民生活质量的一项重要技术措施。与上述几种方法相比，环保型无害化处理是新型的处理病畜尸体的一种方法，其以循环经济理念为指导，巧妙利用生物链，开拓鱼粉生产线，有利于改善生态环境，二次加工废弃料，增加产品附加值。

第六章 专门化肉猪养殖
适度规模分析

　　生猪规模化养殖是我国畜牧养殖业发展的必然趋势，发展生猪规模化养殖具有重要的现实意义。一方面，生猪规模化养殖符合现代畜牧养殖发展总体需求。当前，随着农村外流人口不断增加，导致农村劳动力短缺。在发掘农村资源和发展农村经济的过程中，生猪规模化养殖无疑是一条重要出路，既能克服农村劳动力不足的问题，又能促进农村资源合理利用，同时兼顾农村社会经济效益与生态效益，保证实现生猪养殖质量、效益的"双提升"。由此可以看出，生猪规模化养殖符合现代畜牧养殖发展需求，具有重要的意义。另一方面，生猪规模化养殖还有利于猪场生物安全措施的落实，有效预防动物疫情。相比散户养殖，规模化养殖企业无疑具有更高的自律意识，其会积极地创设各种条件来增加猪场生物安全措施，改善生猪养殖环境，使生猪养殖与生产更具有规范性。这是动物疫情综合防控过程必不可少的重要环节，也是确保生猪生长安全及猪肉产品质量安全的重要保障。此外，生猪规模化养殖还能有效抵御市场风险，避免因散户"从众"心理导致生猪养殖数量骤升骤降而带来的猪肉市场价格周期性大幅波动的风险。与散户养殖相比，生猪规模化养殖企业的养殖数量及规模相对稳定，因此，发展生猪规模养殖能够将猪肉产品市场价格与肉产品生产及供应控制在一个相对合理且稳定的范围内，以此来有效地防范和应对猪肉市场的风险。

随着近几年规模养殖的进一步推进，养殖自动化水平和从业者管理水平不断提升，单体猪场的养殖规模明显加大，单个劳动力所能饲养的猪的头数已经从过去的人均 200~300 头，提升到当前的人均 400 头以上。不仅如此，2018 年 8 月我国报道非洲猪瘟疫情以来，整个养猪业所暴露出来的问题提醒我们，猪场规划建设是做好疫病防控的重要前提。为了实现猪群健康高效生产，传统完全开放式的猪场已经无法满足疫病的防控需求，半开放式猪舍和全封闭式猪舍是当下养猪场建设的基本要求。本章分析适用于家庭养猪场的养殖规模、投资规模、装备水平及造价。

第一节　半开放式猪舍分析

半开放式猪舍是介于开放式和全封闭式猪舍之间的一种猪

舍，设计建设也都较为简单，在原有开放式猪舍基础上就可以改造完成，通风性和采光性都良好，而且舍内的有害气体也容易排出，不会对猪造成影响。但是，由于半封闭，在炎热夏季，无法全密封导致降温效果不佳，浪费水电；冬季保暖也较全封闭式稍差，但总体优于开放式猪舍，在节能减排、料重比及疫病防控方面压力减小很多。

以江苏地区使用半机械加料、节水型饮水器（或称水位计）、自动刮粪、自动通风和异位发酵床处理粪污为例，对半开放式猪舍进行造价估算。

一、存栏 400 头肉猪

以存栏 400 头肉猪为例，猪舍建设 1 栋，周围用来种植低矮作物，同时周边建设围墙，猪舍建设 28.00 万元（规格 40 米×14 米，560 米²×500 元/米²）；辅助建筑，如生产区大门旁的消毒室，包括物品消毒通道、人员消毒通道、更衣淋浴室（更衣淋浴室应单向流通，中间为淋浴间，两端设内、外更衣间，更衣间配备冰醋酸熏蒸或臭氧消毒设施）、人员值班宿舍和饲料仓库等 8.00 万元（规格 200 米²，200 米²×400 元/米²）；配套化粪池、导污通道建设 1.60 万元（50 米×2 条×100 元/米+12 米³×500 元/米³）；异位发酵床建设成本需要 5.04 万元（40 米×4.2 米，168 米²×300 元/米²）；翻耙机（图 6-1）4.00万元（包安装）；猪场入场大门简易车辆消毒区建设 3.00 万元

图 6-1 翻耙机

图 6-2 饮水碗

（如果有投资能力的猪场，可根据实际情况决定是否额外增加车辆烘干房，费用约 15.00 万元）、简易路建设 3.36 万元（规格 480 米^2，480 米^2×70 元/米^2）；辅助电机、水塔、水井大概需要 2.00 万元，饮水及电线（图 6-2）0.80 万元，节水器（图 6-3）0.40 万元（40 个×100 元/个），不锈钢双面 10 孔食槽 1.80 万元（20 个×900 元/个），漏粪板 2.80 万元（规格 40 米×7 米，280 米^2×100 元/米^2），刮粪机 1.00 万元，风机（图 6-4）0.80 万元（0.20 万元/个×4 个），水帘及附属 0.40 万元（10 米^2×2 个×200 元/米^2）；建设总投资 63.00 万元。雇工需要 1 人，负责喂料、防疫及发酵床管理，每月工资 4 000 元，年人工费用为 4.80 万元，还需要水、电、防御等其他辅材，大概需要 3.00 万元，总共投入 70.80 万元。

图 6-3　节水器

图 6-4　通风设备

二、存栏 500 头肉猪

以存栏 500 头肉猪为例，猪舍建设 1 栋，周围用来种植低矮作物，同时周边建设围墙，猪舍建设 35.00 万元（规格 50 米×14 米，700 米^2×500 元/米^2）；辅助建筑，如生产区大门旁的消毒室，包括物品消毒通道、人员消毒通道、更衣淋浴室（更衣淋浴室应单向流通，中间为淋浴间，两端设内、外更衣间，更衣间配备冰醋酸熏蒸或臭氧消毒设施）、人员值班宿舍和饲料仓库等 8.00 万元（规格 200 米^2，200 米^2×400 元/米^2）；配套化粪池、导污通道建设 1.95 万元（60 米×2 条×100 元/米+15 米^3×500 元/米^3）；异位发酵床建设成本需要 6.30 万元

（规格 50 米×4.2 米，210 米²×300 元/米²）；翻耙机 4.00 万元（包安装）；猪场入场大门简易车辆消毒区建设 3.00 万元（如果有投资能力的猪场，可根据实际情况决定是否增加车辆烘干房，费用约 15.00 万元）、简易路建设 3.57 万元（规格 510 米²，510 米²×70 元/米²）；辅助电机、水塔、水井大概需要 2.00 万元，饮水及电线 1.00 万元，节水器 0.50 万元（50 个×100 元/个），不锈钢双面 10 孔食槽（图 6-5）2.25 万元（25 个×900 元/个），漏粪板 3.50 万元（规格 50 米×7 米，350 米²×100 元/米²），刮粪机 1.00 万元，风机 1.20 万元（0.20 万元/个×6 个），水帘及附属 0.48 万元（12 米²×2 个×200 元/米²），建设总投资 73.75 万元。雇工需要 1 人，每月工资 5 000 元，年人工成本为 6.00 万元，还需要水、电、防御等其他辅材，大概

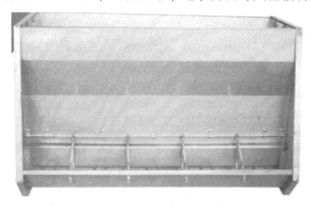

图 6-5　猪不锈钢双面 10 孔食槽

需要 3.50 万元，总共投入 83.25 万元。

三、存栏 600 头肉猪

以存栏 600 头肉猪为例，猪舍建设 1 栋，周围用来种植低矮作物，同时周边建设围墙，猪舍建设 42.00 万元（规格 60 米×14 米，840 米²×500 元/米²）；辅助建筑，如生产区大门旁的消毒室，包括物品消毒通道、人员消毒通道、更衣淋浴室（更衣淋浴室应单向流通，中间为淋浴间，两端设内、外更衣间，更衣间配备冰醋酸熏蒸或臭氧消毒设施）、人员值班宿舍和饲料仓库等 10.00 万元（规格 250 米²，250 米²×400 元/米²）；配套化粪池、导污通道建设 2.30 万元（70 米×2 条×100 元/米+18 米³×500 元/米³）；异位发酵床建设成本需要 7.56 万元（规格 60 米×4.2 米，252 米²×300 元/米²）；翻耙机 4.00 万元（包安装）；猪场入场大门简易车辆消毒区建设 3.00 万元（如果有投资能力的猪场，可根据实际情况决定是否增加车辆烘干房，费用约 15.00 万元）；简易路建设 3.78 万元（规格 540 米²，540 米²×70 元/米²）；辅助电机、水塔、水井大概需要 2.00 万元，饮水及电线 1.20 万元，节水器 0.60 万元（60 个×100 元/个），不锈钢双面 10 孔食槽 2.70 万元（30 个×900 元/个），漏粪板（图 6-6）4.20 万元（60 米×7 米，420 米²×100 元/米²），刮粪机（图 6-7）1.00 万元，风机 1.60 万元（0.2 万元/个×8 个），水帘及附属 0.48 万元（12 米²×2 个×

200元/米²），建设总投资86.42万元。雇工需要1人，每月工资6 000元，年人工成本为7.20万元，此外还需要水、电、防御等其他辅材，大概需要4.00万元，总共投入97.62万元。

图6-6　漏粪板

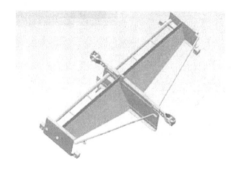

图6-7　干湿分离刮粪机

第六章　专门化肉猪养殖适度规模分析

存栏 400 头、500 头、600 头肉猪半开放式猪舍造价见表 6-1。

表 6-1　半开放式猪舍造价

规模	400 头	500 头	600 头
猪舍建设/万元	28.00	35.00	42.00
辅助建筑/万元	8.00	8.00	10.00
化粪池/万元	1.60	1.95	2.30
发酵床建设/万元	5.04	6.30	7.56
翻耙机/万元	4.00	4.00	4.00
车辆消毒区建设/万元	3.00	3.00	3.00
道路建设/万元	3.36	3.57	3.78
供水建设/万元	2.00	2.00	2.00
水电/万元	0.80	1.00	1.20
节水器/万元	0.40	0.50	0.60
供料设备/万元	1.80	2.25	2.70
漏粪板/万元	2.80	3.50	4.20
刮粪机/万元	1.00	1.00	1.00
风机/万元	0.80	1.20	1.60
水帘及附属/万元	0.40	0.48	0.48
固定建设投资合计/万元	63.00	73.75	86.42
头均固定建设投资/（元/头）	1 575.00	1 475.00	1 440.33
人工/万元	4.80	6.00	7.20
辅材/万元	3.00	3.50	4.00
总投资合计/万元	70.80	83.25	97.62

数据来源：编者对猪舍造价调研，并经温氏股份江苏养猪公司和江西森源祥自动化设备有限公司技术人员多次修订确定。

第二节　全封闭式猪舍分析

以江苏地区使用全自动喂料、节水型饮水器、自动刮粪、自动温控为例，对全封闭式猪舍进行造价估算。

考虑到全自动饲喂、刮粪、温控，最基础人员配置为1人，供暖以采用地暖管+水源热泵为例（全国各地应根据地区气候及条件特点，配备空调、循环水暖系统等，以实现猪舍内环境温度的自动化控制）。

一、存栏 400 头肉猪

以存栏 400 头肉猪为例，猪舍建设 1 栋，周围用来种植低矮作物，同时周边建设围墙，猪舍建设 39.20 万元（40 米×14 米，560 米^2×700 元/米^2）；辅助建筑，生产区大门旁的消毒室，包括物品消毒通道、人员消毒通道、更衣淋浴室（更衣淋浴室应单向流通，中间为淋浴间，两端设内、外更衣间，更衣间配备冰醋酸熏蒸或臭氧消毒设施）、人员值班宿舍和饲料仓库等 8.00 万元（规格 200 米^2，200 米^2×400 元/米^2）；配套化粪池、导污通道建设 1.60 万元（50 米×2 条×100 元/米 + 12 米^3×500 元/米^3）；异位发酵床建设成本需要 5.04 万元（规格 40 米×4.2 米，168 米^2×300 元/米^2）；翻耙机 4.00 万元（包安装）；

猪场入场大门简易车辆消毒区建设 3.00 万元（如果有投资能力的猪场，可根据实际情况决定是否增加车辆烘干房，费用约 15.00 万元）、简易路建设 3.36 万元（规格 480 米^2，480 米^2×70 元/米^2）；辅助电机、水塔、水井大概需要 2.00 万元，饮水及电线 0.80 万元，节水器 0.40 万元（40 个×100 元/个），料槽、料线及料塔（图 6-8 和图 6-9）4.10 万元（20 个×900元/个+50 米×300 元/米＋8 000元/个），漏粪板 2.80 万元（40 米×7 米，280 米^2×100 元/米^2），刮粪机 1.00 万元，风机 0.80 万元（0.2 万元/个×4 个），水帘及附属 0.40 万元（10 米^2×2 个×200 元/米^2），地暖 5.12 万元（40 米×2 米×2 个×70 元/米^2＋2 个×20 000元/个）；建设总投资 81.62 万元。雇工需要 1 人，负责饲养管理和设备运转及发酵床管理，每月工资 4 000 元，年人工费用为 4.80 万元，还需要水、电、防御等其他辅材，大概需要 3.00 万元，总共投入 89.42 万元。

图 6-8　料线

图 6-9 料塔

二、存栏 500 头肉猪

以存栏 500 头肉猪为例，猪舍建设 1 栋，周围用来种植低矮作物，同时周边建设围墙，猪舍建设 49.00 万元（规格 50 米×14 米，700 米²×700 元/米²）；辅助建筑，如生产区大门旁的消毒室，包括物品消毒通道、人员消毒通道、更衣淋浴室（更衣淋浴室应单向流通，中间为淋浴间，两端设内、外更衣间，更衣间配备冰醋酸熏蒸或臭氧消毒设施）、人员值班宿舍和饲料仓库等 8.00 万元（规格 200 米²，200 米²×400 元/米²）；配套化粪池、导污通道建设 1.95 万元（60 米×2 条×100 元/

米+15 米³×500 元/米³）；异位发酵床建设成本需要 6.30 万元
（规格 50 米×4.2 米，210 米²×300 元/米²）；翻耙机 4.00 万元
（包安装）；猪场入场大门简易车辆消毒烘干区建设 3.00 万元
（如果有投资能力的猪场，可根据实际情况决定是否增加车辆
烘干房，费用约 15.00 万元）、简易路建设 3.57 万元（规格
510 米²，510 米²×70 元/米²）；辅助电机、水塔、水井大概需
要 2.00 万元，饮水及电线 1.00 万元，节水器 0.50 万元（50
个×100 元/个），料槽、料线及料塔 5.05 万元（25 个×900 元/
个+60 米×300 元/米 + 10 000 元/个），漏粪板 3.50 万元（50
米×7 米，350 米²×100 元/米²），刮粪机 1.00 万元，风机 1.20
万元（0.2 万元/个×6 个），水帘及附属 0.48 万元（12 米²×2
个×200 元/米²），地暖 5.40 万元（50 米×2 米×2 个×70 元/
米²+2 个×20 000元/个）；建设总投资 95.95 万元。雇工需要 1
人，每月工资 4 500元，年人工成本为 5.40 万元，还需要水、
电、防御等其他辅材，大概需要 3.50 万元，总共投入 104.85
万元。

三、存栏 600 头肉猪

　　以存栏 600 头肉猪为例，猪舍建设 1 栋，周围用来种植低
矮作物，同时周边建设围墙，猪舍建设 58.80 万元（规格 60
米×14 米，840 米²×700 元/米²）；辅助建筑，如生产区大门旁
的消毒室，包括物品消毒通道、人员消毒通道、更衣淋浴室

（更衣淋浴室应单向流通，中间为淋浴间，两端设内、外更衣间，更衣间配备冰醋酸熏蒸或臭氧消毒设施）、人员值班宿舍和饲料仓库等 10.00 万元（规格 250 米^2，250 米^2×400 元/米^2）；配套化粪池、导污通道建设 2.30 万元（70 米×2 条×100 元/米+18 米^3×500 元/米^3）；异位发酵床建设成本需要 7.56 万元（规格 60 米×4.2 米，252 米^2×300 元/米^2）；翻耙机 4.00 万元（包安装）；猪场入场大门简易车辆消毒烘干区建设 3.00 万元（如果有投资能力的猪场，可根据实际情况决定是否增加车辆烘干房，费用约 15.00 万元）、简易路建设 3.78 万元（规格 540 米^2，540 米^2×70 元/米^2）；辅助电机、水塔、水井大概需要 2.00 万元，饮水及电线 1.20 万元，节水器 0.60 万元（60 个×100 元/个），料槽、料线及料塔 6.00 万元（30 个×900 元/个+70 米×300 元/米+12 000 元/个），漏粪板 4.20 万元（60 米×14 米×50%，420 米^2×100 元/米^2），刮粪机 1.00 万元，风机 1.60 万元（0.2 万/个×8 个），水帘及附属 0.48 万元（12 米^2×2 个×200 元/米^2），地暖 5.68 万元（60 米×2 米×2 个×70 元/米^2+2 个×20 000元/个）；建设总投资 112.20 万元。雇工需要 1 人，每月工资 5 000 元，年人工成本为 6.00 万元，此外还需要水、电、防御等其他辅材，大概需要 4.00 万元，总共投入 122.20 万元。

存栏 400 头、500 头、600 头肉猪全封闭式猪舍造价见表 6-2。

表6-2　全封闭式猪舍造价

规模	400 头	500 头	600 头
猪舍建设/万元	39.20	49.00	58.80
辅助建筑/万元	8.00	8.00	10.00
化粪池/万元	1.60	1.95	2.30
发酵床建设/万元	5.04	6.30	7.56
翻耙机/万元	4.00	4.00	4.00
车辆消毒区建设/万元	3.00	3.00	3.00
道路建设/万元	3.36	3.57	3.78
供水建设/万元	2.00	2.00	2.00
水电/万元	0.80	1.00	1.20
节水器/万元	0.40	0.50	0.60
供料设备/万元	4.10	5.05	6.00
漏粪板/万元	2.80	3.50	4.20
刮粪机/万元	1.00	1.00	1.00
风机/万元	0.80	1.20	1.60
水帘及附属/万元	0.40	0.48	0.48
地暖管+水源热泵/万元	5.12	5.40	5.68
固定建设投资合计/万元	81.62	95.95	112.20
头均固定建设投资/（元/头）	2 040.50	1 919.00	1 870.00
人工/万元	4.80	5.40	6.00
辅材/万元	3.00	3.50	4.00
总投资合计/万元	89.42	104.85	122.20

数据来源：编者对猪舍造价调研，并经温氏股份江苏养猪公司和江西淼源祥自动化设备有限公司技术人员多次修订确定。

全封闭猪舍模型见图6-10。

图6-10　全封闭猪舍模型

以上数据仅供大家参考，所有数据均以现时价格为准。尤其是对于粪污处理，全国各地应根据当地条件和环保要求选择合理处理方式。例如，有不少地方采用固液分离设备+覆膜沼气池+资源化利用对猪粪进行处理，其中固液分离设备+覆膜沼气池费用在10万~15万元。无论采取哪种粪污处理方式，从上述数据可以看出，随养殖规模增加，猪场头均固定建设投资降低，单位人工成本通常也更低，但对总投资额要求也逐步提升的。

第三节 新建猪场分析

当前生猪规模化养殖不仅符合现代畜牧养殖业发展内在规律需求，而且也是未来我国畜牧养殖业发展的重要方向之一。特别是近几年，非洲猪瘟进入国内，生猪养殖在快速向规模化发展。新建猪场规模不断扩大，且在生物安全和环保上投入更高。国内生猪养殖集团公司合作农户新建的猪场很多存栏为1 000头、2 000头或以上规模。以山西大象农牧集团有限公司合作农户新建的猪场为例，其存栏1 000头、2 000头规模的猪场头均固定资产投资随养殖规模增加而降低，但总投资额也是逐步增加，具体数据见表6-3。

表6-3 不同饲养规模育肥猪场单位固定投资成本对比

预算项目及主要设施、设备	1 000头	2 000头
猪舍土建三通一平+棚舍建设/万元	57.00	110.00
简易车辆消毒区建设清洗消毒区与设备/万元	3.00	3.00
附属设施生活区+粪污处理/万元	7.00	8.00
饲养设备料槽，料线，料塔/万元	8.00	14.00
供暖设施地暖+锅炉/万元	7.00	10.00
通风环控风机，水帘，通风小窗/万元	2.00	4.00
供水设施饮水设备/万元	2.00	3.00
供电设施变压器，线路，发电机/万元	7.00	11.00
固定建设投资总额/万元	93.00	163.00

（续表）

预算项目及主要设施、设备	1 000 头	2 000 头
头均固定建设投资/（元/头）	930.00	815.00
用工数量/人	2	3
人工工资合计/（万/年）	14.00	21.00
总投资合计/万元	107.00	184.00

数据来源：山西大象农牧集团有限公司提供。以上为公司合作育肥猪场常规设计和投资，但各项投资受价格行情变化而有所不同。

非洲猪瘟进入国内，为了更好地做好生猪疫病防控，生猪养殖集团公司也开始自建专门化育肥场或育肥养殖小区，而且集团公司自建的自养育肥场饲养规模更大，以存栏 5 000 头、10 000 头及以上的规模为主，但这种规模通常对于普通养猪户而言，所需的土地、投入的资金等要求太高，基本难以开展，因此这里不详述。虽然未来几年，农户、家庭农场单场饲养规模可能还会加大，而且通常单批饲养规模越多，单位人工成本则更有优势，生物安全、猪舍建设、附属建筑、道路、水电、供暖、环保排污设施的单位成本更有优势，在猪价行情好的时候，总利润更高，固定资产投资回报率更高，但规模越大对养殖户资金投入要求也越高、生物安全风险更大，粪污和臭气处理的压力也越大。尤其是，近几年非洲猪瘟防控压力大，猪价波动大，饲料原料价格居高不下，养殖风险较大，因此养殖户应根据自己的经济实力、养猪土地储备情况、养殖疫病防控水平和抗风险能力，综合选择适宜的规模进行专门化生产。

第七章　专门化肉猪养殖育肥技术与疫病防控技术

第一节　猪的育肥技术

育肥方式对猪的增重、饲料利用率和瘦肉率有重要影响。规模化是我国生猪养殖的发展趋势，但现阶段不同规模的自繁自养和专门肉猪饲养场/户同时存在，育肥方式也因此多样化，包括了"吊架子""一条龙""前高后低（也称前敞后限）"等较为粗放的育肥技术，同时也有分阶段精准育肥技术。

"吊架子"育肥技术是对 30 千克以前的保育猪使用配合饲料喂养，对 30~60 千克猪饲喂青、粗饲料并辅以少量配合饲料，目的是把猪架子拉大。60 千克以后为催肥期，饲喂高碳水化合物饲料以快速增重。但从猪的生长发育规律看，无论是瘦肉型还是脂肪型猪 30~60 千克都是相对生长速度最快的时期，采用"吊架子"的方式喂猪，饲料的能量和蛋白水平低，猪的生长（尤其是肌肉的生长）受到限制，既延长了饲养时间、增加了饲养成本，也会大大降低瘦肉率。因此"吊架子"育肥技术不利于节本增效和猪肉品质的提高，中小型专门化肉猪饲养场的经营者需要改变理念，逐渐放弃这种育肥方式。

"一条龙"和"前高后低"育肥技术（又称"直线"饲养）在整个生长育肥期均只使用同一种配合饲料，"一条龙"饲喂的猪自由采食，随着猪体重和日龄的增加提高饲喂量；"前高后低"饲喂的猪前期自由采食后期限制采食，生长和育肥前期随着猪体重和日龄的增加提高饲喂量、育肥后期限制饲喂量。这种技术目前还被很多中、小专门化肉猪饲养场采用，优点是能够满足猪的营养需要、缩短饲养时间，缺点是不利于饲料成本的控制，尤其是"一条龙"方式由于不限制饲喂量，摄入饲料的营养水平高于猪的营养需要，还易提高体脂的沉积、降低瘦肉率。"前高后低"的方式在育肥后期限制饲喂量，有利于控制体脂的沉积，但猪群中因争饲料而引起的打斗明显增加，猪群的福利水平和整齐度均会明显下降。

分阶段精准育肥技术是更科学、高效的育肥技术。随着猪营养与饲料学科的发展，猪的营养需要量已经分阶段并精准化，美国 NRC2012 和我国 2020 版《猪营养需要量》（GB/T 39235—2020）均分四个阶段给出了生猪育肥猪的营养需要量。分阶段设计并配制全价配合饲料，根据不同阶段猪的生长发育规律和营养需要量确定饲喂量，这样的分阶段精准育肥技术既满足了猪的营养需要，又保障了猪的福利和猪肉品质，并降低了饲养成本。目前大集团和大型规模场均已采用分阶段精准育肥技术，并已基本实现自动饲喂、正在向智能化管理发展。对于中小型专门化肉猪饲养场，可在改善饲喂设施设备的同时，加快使用分阶段精准育肥技术，以提高养殖水平，增加养殖收益。

第二节　生长育肥猪的饲养管理模式

在生长育肥猪的饲养过程中，实行"同进同出"的批次化管理。即将同一批次转出保育舍的猪（日龄、生长速度、体况相近）同时转入生长育肥舍饲养，有条件的猪场可对公猪和母猪分群饲养，在饲料、环境、检疫等工作上进行统一处理，这样既可以节约饲养人员的工作任务量，也可以避免不同批次的猪之间发生病疫感染。在猪达到上市体重后应及时出栏，以节约成本。猪出栏后，应留出空栏期，对猪舍及饲养用具进行清洗、消毒，避免疫病循环发生。

根据猪的生长发育和营养需要规律，美国 NRC2012 和我国2020 版《猪营养需要量》（GB/T 39235—2020）均建议将瘦肉型生长育肥猪划分为四个阶段，即生长前期（体重 25～50 千克)，生长后期（体重 50~75 千克），育肥前期（体重 75~100 千克），育肥后期（体重 100~120 千克）。为确保生长育肥猪的健康生长发育，建议采用分阶段精准育肥技术，分四个阶段设计配方配制饲料，每个阶段的饲料过渡要逐渐进行，第 1 天加新料 1/3、第 2 天加新料 2/3、第 3 天完全新料。已铺设自动料线的场/户可采用自由采食方式饲喂，人工饲喂的场/户可日喂 2 次，夏季饲喂时间应避开中午高温饲喂，并在夜间增加 1 次饲喂。

每天连续向所有猪只提供充足、清洁的饮用水，水质应符合《无公害食品 畜禽饮用水水质》（NY/T 5027—2008）的要求。对饮水器和供水系统应定期维护和消毒，并定期对水源采样检测，确保水源无污染。对于不能够连续供水的场/户，要注意猪的饮水量会随环境温度、体重、饲料采食量而变化。一般来说春秋季饮水量是体重的 16% 左右，夏季约为体重的 23%，冬季约为体重的 10%。

第三节 生长育肥猪的营养需要与配方建议

为保障饲料粮供需平衡、稳定粮食安全大局，根据生长育肥猪的营养需要量提效减量、开源替代，构建多元化饲料配方体系是总体原则，所用饲料原料和添加剂应符合国家相应的法律法规及标准要求，且来源可追溯。具体建议如下。

（一）饲料原料多元化

生长育肥猪日粮中可用 30%～60% 的小麦、10%～20% 的糙米或稻谷、5%～15% 的小麦麸或次粉和 5%～10% 的米糠粕替代玉米；可用 5%～15% 的菜粕、5%～8% 的棉籽粕和合成氨基酸替代豆粕，育肥猪饲料中豆粕用量可降低为 0。

（二）合理设置日粮蛋白和能量水平

参照《猪营养需要量》（GB/T 39235—2020），结合所饲养猪的品种特点和猪肉品质要求，合理设置生长育肥猪各阶段日粮的净能水平，通过合理补充必需氨基酸配制基于可利用氨基酸的低蛋白饲料。对于瘦肉型生长育肥猪，为提高肌内脂肪的含量，可适度提高净能与赖氨酸（Lys）的比值。

（三）针对性消减抗营养因子

根据所用原料的抗营养因子种类和含量，选择适宜的酶制剂，如木聚糖酶和 β-葡聚糖酶等非淀粉多糖（NSP）酶、纤维素酶、果胶酶和植酸酶等，或上述几种酶的组合，以达到抗营养因子的最佳消减效果。

应重视原料的霉菌毒素污染情况，可通过使用霉菌毒素吸附剂或脱毒剂消减，也可通过抗氧化应激类的功能添加剂提高猪对霉菌毒素的抵抗力。

（四）合理使用益生菌

我国农业农村部已批准使用饲料级微生物菌种 46 种，其中凝结芽孢杆菌兼具乳酸菌和芽孢杆菌的性质，既能产生乳酸，又能形成芽孢，屎肠球菌可竞争结合位点、抑制病原菌繁殖，在生长育肥猪饲料中具有良好的应用前景。凝结芽孢杆菌（10^{10} CFU/克）日粮建议添加量为生长育肥猪 10~15 克/吨；屎肠球菌（10^{10} CFU/克）日粮建议添加量为生长育肥猪 50 克/吨。

第四节　饲养环境的保持

一个清洁、舒适的饲养环境对猪的饲料转化率、生长速度都有着极大的提升。因此，想要充分地发挥猪的生产性能，将育肥猪养殖所带来的经济效益最大化，就必须保持良好的饲养环境。首先，要及时对猪的粪便进行清理，猪的粪便是致病细菌的主要来源，同时也是疫病传播的主要途径之一，所以粪便的清理要保证及时、彻底。另外，要对猪舍进行定期消毒，规模化养殖相较于民间养殖密度较大，且猪的抗病性较差，因而消毒工作对规模化育肥猪养殖十分重要，养殖户可选用火碱水、石灰水、漂白液进行混合调配，在每日上午、下午分两次进行消毒。也可购买专门的消毒药剂，进行喷雾消毒。另外，还要在猪舍内设置洗手池与消毒池，并准备专门的消毒工作服，防止养殖人员或者外来人员将病毒从外界带入猪舍。

此外，猪舍的温度、湿度、光照、通风及各种有害气体和微生物等因素都能影响肉猪的增长速度和饲料转化率。肉猪的适宜环境为 16~23℃，随着体重增加所需适宜温度降低，所以，夏季要做好猪舍的通风降温工作，冬季做好猪舍的防寒保温工作。在温度适宜的情况下，猪对湿度的要求不高，但低温高湿或者高温高湿时，猪的日增重减少，还可能提高猪的死亡率，猪舍内的相对湿度以 50%~70% 为宜。

第五节　养殖密度的控制

养殖密度是反映栏舍内猪密集程度的参数，通常以每头猪占有的栏舍内生活空间面积来表示（米²/头），是影响规模化养殖效益的一个重要环境因素。饲养密度直接影响猪舍内温湿度、通风状况、有毒有害气体及尘埃微生物的含量，影响猪的采食、饮水、排粪、排尿、自由活动和争斗等行为。养殖密度过小会降低栏舍的利用率、造成资源浪费，也会影响栏舍温度的保持，增加猪的维持净能、减少生长净能，从而降低了增重；而养殖密度过高会增加猪相互的影响，使个体采食量、饮水量、生活空间不足，引发猪的攻击行为和应激反应，同时也增加了栏舍环境的负担，使卫生条件下降，细菌病菌繁殖力增加，畜禽抵抗力降低，易诱发猪传染性疾病。

圈舍饲养密度应在适宜的范围内，饲养密度过高或过低，都会对猪的生长性能和健康产生不利影响，选择合理的饲养密度意义重大。在实际生产过程中确定饲养密度时，应当结合品种、生长阶段、季节等因素，综合考虑后得出。我国《标准化规模养猪场建设规范》（NY/T 1568—2007）建议生长猪每栏8~10头，每头占栏面积0.6~0.9米^2，育肥猪每栏8~10头，每头占栏面积0.8~1.2米^2。

第六节　生长育肥猪的疫病防控

生长育肥猪是生猪饲养周期中生长发育最快的时期，生长育肥阶段疫病防控直接关系到生猪养殖的效益高低，为了尽可能地将疫病的发生概率降到最低，需要在育肥猪的生长期间注意做好疫病防控工作。

生长育肥猪常发的疾病主要包括非洲猪瘟、猪瘟、蓝耳病、猪伪狂犬病、猪肺疫、猪接触性传染性胸膜肺炎、副猪嗜血杆菌病、猪丹毒等传染病，猪蛔虫、弓形虫等寄生虫疾病，还包括微量元素缺乏症、中毒病等营养代谢性疾病。因此，在生长育肥猪生长过程中，猪场应根据自身情况，制定合理的防控对策。

第七章 专门化肉猪养殖育肥技术与疫病防控技术

一、提高生物安全预防主要传染病

非洲猪瘟、猪瘟、蓝耳病、猪伪狂犬病是猪场主要的传染病，致死性比较强，损失大，需要通过加强生物安全来防控。尤其是非洲猪瘟属于烈性传染性疾病，对养殖场的危害巨大，全球各国都没有安全有效预防非洲猪瘟的疫苗。目前，预防非洲猪瘟的有效措施就是全面做好生物安全工作，控制传染源，切断传播途径，保护健康猪群。猪场生物安全工作是所有疫病防控的基础，是最有效、成本最低的疾病防控措施，在非洲猪瘟疫情常态化的情况下，猪场应根据自身情况，建立有效的生物安全防控体系，为猪群提供健康安全的养殖环境。

猪场生物安全体系的构建包括猪场外围、交叉区以及猪场内部各个区域的生物安全体系建设。

猪场外围的生物安全体系主要包括猪场选址、猪舍布局设计和洗消中心及转猪台的建设。场址的选择是猪场今后进行疫病防控的基础，场址选择不当会严重影响后续的生物安全以及疫病的防控。场址的选择一定要合规，应位于远离交通主干道和城镇居民生活区、相对偏僻、通风良好、向阳避风、具有天然防疫屏障（如山、树林等）的地带。猪舍设计时，应考虑通风与采光，此外猪舍之间的距离在疾病防控上也会起到很重要的作用，增加猪舍之间的距离在一定程度上可以降低病原体通过气溶胶进行传播的风险。为了减少疫病通过空气传播，猪场需要在猪场四周建立围墙。规范的洗消中心可以有效防止疫病的传入和在猪群中扩散，可以说是猪场防疫的第一道关键屏障，是生物安全不可或缺的组成部分。消毒是控制传染源、切断传播途径最有效的手段，因此猪场需要在离场一定距离的必经之路上建立规范的洗消中心。在洗消中心和猪场之间最好建立两个反向装/卸猪台，一个面对猪场，另一个面背离猪场，同时配备专业的消杀设备和专业技术人员。通过建立转运台，可以避免外来的车辆、人员进入养猪生产基地，从而可以降低因车辆、人员交叉带来的生物安全风险。通过转运台还可以在猪苗引进、猪群转运及销售等过程中，避免病原微生物的引入及扩散，可以说是猪场疫病防控的第二道屏障。

　　交叉区生物安全体系建设主要包括生活区和生产区出入口的消毒。所有车辆不允许直接进入员工生活区，到达生活区门口外后，需要在专用的消毒处进行清洗、消毒后方可进入，所携带的物品需在物品消毒室中用臭氧进行消毒，同时注意控制消毒时间。所有进出生活区的人员都需在沐浴室进行洗澡、更衣后方可进入。更换下来的衣服在带入员工生活区前需用消毒液浸泡消毒，随后清洗、干燥。从生活区到生产区的场内员工，通常应经场生活区和生产区之间设置的外消毒池、沐浴间以及内消毒通道等进行淋浴、消毒，并对携带的物品（衣物、通信设备等）进行擦拭消毒，才可以进入生产区。进入生产区的饲料车辆、场内转运猪车辆及无害化处理车等外部车辆需设有专门通道以供它们进出生产区。

猪场内部生物安全体系主要包括生产区的消毒、疫病诊断检测及无害化处理等体系建设。对猪舍、环境、道路、猪舍门口等进行消毒是生产区消毒的主要内容。猪场可根据场内的实际情况，确定环境消毒的时间和频率，一般采用喷雾方式对猪场内环境进行消毒，对道路的消毒一般都采用喷雾或泼淋石灰乳的方式进行消毒。在对猪舍门口进行消毒时，常常采用消毒池或生石灰垫的方式。无论是在何处进行消毒，猪场都应根据实际情况、消毒当天的天气等选择最恰当的消毒方式。对于疫病监测，猪场应以实验室为依托，根据场内猪群的实际情况，明确需要诊断、监测的猪病，并制定科学的采样与送检方法。此外，猪场还应制定年度疾病监测计划，定期对猪群采集相应的样品，监测非洲猪瘟、猪瘟、猪繁殖与呼吸综合征、猪伪狂犬病等主要疫病的抗原及抗体水平，以此评估猪群的健康状况。对于发病死亡的猪，应立即采样送检，进行病原学与血清学诊断。猪场无害化处理体系需选择合适的处理方式来处理生产过程中出现的病死猪、胎衣、粪污、废气等废弃物，并做好对病死猪的生活区域进行彻底消毒。严禁在猪场内饲养犬、猫等动物，还需要做好防鸟、灭鼠、灭蚊蝇等措施，杜绝一切可以传播疫病的动物进入猪场，以构建高效的猪场生物安全防线。

此外，规模化育肥猪场防控传染病的关键点是对猪苗引进工作的严格把控，因为非洲猪瘟等病毒的传播与被感染与引进猪苗和运输车辆有很大关系。严格控制进场猪，严禁从疫区引进猪苗，杜绝非洲猪瘟等病毒入侵。引进猪苗需采用全封闭猪车拉猪，避免运输过程中交叉感染的风险，尽量晚上运猪，司机不下车，不停车，不进服务区。进猪后再次采集猪舍各处样本，送权威机构检测非洲猪瘟病毒，多点多次、多时间段检验，确保安全后才能复产。猪苗需在隔离舍隔离45天，隔离舍离场区最好有500米以上距离。观察猪群健康状况并记录好，如有病死猪送检权威机构。猪苗引进后需严格执行生物安全流程，密切观察猪群状态及时处理异常情况。另外，猪群转场需使用本场专用车辆，严禁与外部车辆直接接触，运输路线点对点，避开风险场所，每次转群前、后都要清洗消毒。猪场每个栋舍进猪前、后都要严格冲洗消毒，中间空舍至少7天。对猪群做到每天巡查，尽早发现异常猪只，立即隔离，及时检测，将无毒害处理、封锁、扑杀、消毒等工作做好，达到短时间内将疫情快速消除的目的，防止疫情进一步蔓延。

"预防为主"是猪场防制传染病的基本方针。对于猪瘟、蓝耳病、猪伪狂犬病等，建立不易感的猪群是猪传染病预防的重要环节，需结合养殖场的实际情况制定科学的免疫程序，严格落实免疫制度，保证疫苗的质量，提高疫病的防控效果，免疫后应对猪群进行抗体水平的检测，可以掌握猪群体的免疫水平和免疫效果。考虑到市场上疫苗质量良莠不齐，规模化养猪场需要认真进行免疫监测，一旦发现问题，应及时补种疫苗。

治疗对疫病的防控，尤其是病毒病感染后继发的细菌性疾病也有积极的意义。为提高治疗效果，猪场最好先通过药敏试验筛选出敏感、高效的抗菌药物，以达到有效治疗发病猪群的目的。此外，对于常见的猪病，兽医技术人员还需要确定药物治疗方案以及配伍禁忌，避免因用药种类以及给药方式的不适合而影响治疗效果。在生产及断奶阶段，可在饲粮中添加一定中草药预防疫情。在治疗的同时，做好消毒及其他防疫工作，以控制其蔓延，达到防治结合的目的。

二、定期药物驱虫

寄生虫病对育肥猪的危害十分严重，除肠道寄生虫外还有猪囊尾蚴病、弓形虫病和猪附红细胞体病等。其中，猪弓形虫发病率在我国最高达到60%，病死率也达到60%以上，呈季节性、地方性流行。大多数寄生虫病目前尚无有效疫苗，必须定期通过药物进行驱虫预防，生猪驱虫之前先进行小群药物毒性试验，确保药物安全后再大规模使用，若出现驱虫药中毒症状及时使用阿托品进行救治。

三、预防普通病

猪的营养代谢病严重影响养猪业的健康发展，严重降低养猪业的经济效益。育肥猪阶段需要促进肌肉和体重增长，控制能量，减少脂肪沉积，临床上常见的许多营养代谢病如微量元素缺乏症、维生素缺乏症、霉菌中毒等疾病完全可以通过饲喂优质全价配合饲料加以预防，提高饲养管理水平，加强饲料和饮水的营养和卫生，做好饲料的收贮，防止霉败变质。同时，可以根据各代谢病的特点，选择相应的药物进行治疗和预防。

育肥猪的生产是肉猪养殖的重要一环，保证育肥猪的健康要熟知并掌握育肥猪的常见疾病的防治措施，完善防疫制度，有效地降低发病率，从而预防重大疫病的发生，避免疾病带来的经济损失。

参考文献

冯宇，徐小波，胡东伟，等，2014. 二花脸猪及其杂种猪的肥育性能与胴体肉质[J]. 养猪（5）：75-77.

何海娟，田明，冯艳忠，等，2020. 生长育肥猪常见疾病的临床表现及防控[J]. 猪业科学，37（11）：3.

兰旅涛，黄路生，麻骏武，等，2005. 太湖猪内四元杂交组合与外三元杜长大组合比较试验[J]. 华南农业大学学报（4）：96-98，105.

李雪，陈凤鸣，熊霞，等，2017. 饲养密度对猪群健康和猪舍环境的影响[J]. 动物营养学报，29（7）：2245-2251.

齐艳梅，宋喜山，高欣召，2019. 猪场非洲猪瘟防控[J]. 今日畜牧兽医，35（11）：2.

魏等柱，2007. 不同杂交组合商品猪生长性能及胴体性状对比试验[J]. 养猪（2）：17.

许道军，2014. 猪场环境保健关键技术[M]. 北京：中国农业出版社.

邢志勇，2015. 生猪二元杂交与三元杂交效果的测定与分析[J]. 农业开发与装备（12）：70-71.

颜军，朱柳燕，江浩军，等，2014. 杜苏杂交猪育肥及胴体性能测定[J]. 中国畜牧兽医文摘，30（12）：53-54.

杨雪，陈丹，2013. 规模化猪场生物安全体系建设[J]. 畜牧与饲料科学（3）：2.

张茂，孙艳发，许卫华，等，2018. 胎次、分娩季节、品种和杂交方式对母猪繁殖性能的影响[J]. 江苏农业科学，46（19）：194-197.

章会斌，马迎春，陈景民，等，2022. 不同杂交组合猪的繁殖及肉质性状比较分析[J]. 安徽农业大学学报，49（2）：247-253.

周凯，刘春龙，吴信，2019. 集约化饲养条件下饲养密度对猪生长性能和健康影响的研究进展[J]. 动物营养学报，31（1）：57-62.